Bernina Zehioua Hecham

O PROJECTO URBANO: SIGNIFICADOS, ESTRATÉGIAS, DERIVADOS E EXPERIÊNCIAS

Bernina Zehioua Hecham

O PROJECTO URBANO: SIGNIFICADOS, ESTRATÉGIAS, DERIVADOS E EXPERIÊNCIAS

Abordagem do projeto urbano

ScienciaScripts

Cover image: www.ingimage.com

This book is a translation from the original published under ISBN 978-620-6-71513-9.

Publisher:
Sciencia Scripts
is a trademark of
Dodo Books Indian Ocean Ltd. and OmniScriptum S.R.L publishing group

120 High Road, East Finchley, London, N2 9ED, United Kingdom
Str. Armeneasca 28/1, office 1, Chisinau MD-2012, Republic of Moldova, Europe
Managing Directors: Ieva Konstantinova, Victoria Ursu
info@omniscriptum.com

Printed at: see last page
ISBN: 978-620-8-55863-5

Conteúdo

PREÂMBULO

Esta coleção é uma ajuda à **disciplina de** Projeto Urbano, destinada aos alunos do Mestrado 1 Urbanismo da Faculdade de Arquitetura e Urbanismo da Universidade CONSTANTINE 3, Argélia. Trata-se de um manual de curso e de temas tratados em DT sobre a abordagem "projeto urbano". No entanto, devido à importância do seu conteúdo, abrange as estratégias utilizadas na abordagem "PROJECTO URBANO" e fornece apoio teórico a qualquer estudante ou leitor que deseje aprofundar o CONCEITO DE PROJECTO URBANO.

Este compêndio está estruturado em DUAS SECÇÕES: uma secção de conhecimentos adquiridos que inclui sete cursos e uma secção tutorial dividida em duas subsecções: a primeira diz respeito a um trabalho tutorial sob a forma de conferências sobre operações de planeamento urbano no mundo e a segunda subsecção diz respeito a um trabalho tutorial sob a forma de conferências sobre planeamento urbano na Argélia. Quisemos dar destaque às cidades de origem dos nossos estudantes, onde eles podem conviver com as autoridades locais e os cidadãos da sua cidade. A zona de estudo é o seu terreno preferido e ele conhece-o muito bemdado que que eleela pratica diariamente.

A/ SECÇÃO DE CONHECIMENTOS ADQUIRIDOS :

1. LIÇÃO 1/ **analisar os fundamentos do projeto urbano**
2. CURSO N.º II/ **analisa as escalas afectadas pela abordagem, em função do contexto e da importância das acções**
3. O CURSO N.º III **centra-se no processo e na abordagem interdisciplinar envolvidos**
4. LIÇÃO NºIV/ **tentar dar algumas definições devido à ambiguidade do conceito /complementaridade**
5. O CURSO N°V/ **analisa os actores envolvidos e as acções de planeamento urbano visadas.**
6. O CURSO N°VI/ **considera o planeamento urbano concomitante ou transacional como uma via intermédia.**
7. CURSOS N°VII/ **está interessado na cidade sustentável e no planeamento urbano participativo, a ponta de lança do projeto urbano.**

B/ SECÇÃO TUTORIAL

Divide-se em duas subsecções: por um lado, temas internacionais sobre operações realizadas em cidades do mundo inteiro em nome do projeto urbano estudado pelos alunos do mestrado 1 em urbanismo e a segunda subsecção centra-se no projeto urbano na Argélia, onde são destacadas acções de urbanismo em diferentes cidades argelinas. Cada um destes alunos terá a oportunidade de falar com as autoridades locais da sua cidade (método de inquérito, técnica de entrevista ou entrevista com os decisores) e de falar com os habitantes (método de inquérito, técnica de observação e questionário) para saber o que pensam destes projectos e se foram consultados.

SECÇÃO A. CONHECIMENTOS ADQUIRIDOS

1. **CURSO N.º 1: FUNDAMENTOS DO PROJECTO URBANO**

INTRODUÇÃO

2. **A FUNDAÇÃO**

2.1. ANTECEDENTES DO PLANEAMENTO E SUA EVOLUÇÃO EM TODO O MUNDO...

2.2. RECUPERAÇÃO DE TERRENOS ABANDONADOS OU PLANEAMENTO DA REGENERAÇÃO URBANA

CONCLUSÃO

INTRODUÇÃO

O PROJECTO URBANO baseia-se, em primeiro lugar, no conceito de PROJECTO e, em segundo lugar, no conceito de URBANO. A interação entre estes dois conceitos, que se repercute num terceiro elemento, o interveniente em todas as suas formas, dá origem a abordagens diferentes consoante a disciplina e o perfil do interveniente.

Quando DEDALE, construtor do labirinto e pai mítico dos arquitectos, transmitiu ao seu filho ICARUS o poder de transgredir, através da "invenção", as leis estabelecidas pelo homem e de se libertar dos constrangimentos impostos pela NATUREZA, teve o cuidado de lhe dar duas recomendações que fixavam os limites "mortais" do seu empreendimento:

- Não voes muito alto, ou o sol derreterá a cera das tuas asas;
- Não voe muito baixo perto do mar, pois a água vai pesar as suas penas.

O relato mitológico acrescenta que ICARE, inebriado pelo seu novo poder, esqueceu os avisos do seu pai. Não conseguiu conter-se para não voar demasiado alto e perdeu a vida (**CABET E.,** 1840).

O mesmo se aplica às estratégias dos projectos urbanos.

Projectum: Latim .... Lançar para a frente. Um projeto é um conjunto de ideias, intenções e acções coordenadas que decidimos levar a cabo ao longo do tempo para atingir um objetivo. Esta "pro-jecção" requer recursos humanos, materiais e financeiros.

(logísticos) e orçamentais. Baseia-se numa abordagem, num método ou num processo.

Urbain: Latim ...Urbs...VILLE, Polis, Cite.toute intervention touchant la ville et sa structure rentre dans le domaine de l'urbain, de la ville (**BOUCHAREB**, 2012, P.4.)

Este curso destaca as bases do projeto urbano, relembra as circunstâncias do nascimento deste conceito, tenta integrar as questões a que esta palavra "mala" alude e apresenta o contexto global do novo planeamento urbano.

I.A FUNDAÇÃO

O PROJECTO URBANO é um conceito polissémico que ainda não está bem definido e que se encontra em aberto.

As cidades foram sempre construídas em torno de projectos específicos. Estes testemunham a "criação urbana de uma época, a expressão dos seus problemas, dos seus modos de gestão e das suas soluções" **(ARNAUD,** 1996, p.3).

No contexto urbano atual, os projectos que transformam a cidade caracterizam-se pela sua escala e complexidade. O número de locais envolvidos é significativo, tal como a escala espacial e financeira dos projectos. Estes projectos têm frequentemente implicações consideráveis em diferentes escalas - política, física, económica, social e espacial.

"O termo projeto urbano implica um conceito muito específico, uma alternativa ao planeamento tradicional num contexto sócio-económico que se transformou. A emergência

deste conceito insere-se num processo de inversão de ideias que, nas últimas três décadas, renovou completamente os conceitos utilizados no planeamento urbano (**THOMAS**, 1998, p.17).

Por seu lado, **INGALLINA** (2001, p.3) salienta que o pensamento sobre o projeto urbano ainda está em voga e continua a desenvolver-se. *"Trata-se de um conceito e de uma forma de atuação em construção que marcam um momento de transição entre a forma tradicional de pensar o urbanismo e uma nova abordagem, menos fixa e mais aberta à mudança e ao debate".*

1.1. ANTECEDENTES DO PLANEAMENTO E DA SUA EVOLUÇÃO EM TODO O MUNDO.

O termo "projeto urbano" foi utilizado pela primeira vez na década de 1970 (**THOMAS**, 1998, **INGALLINA**, 2001), em oposição ao planeamento urbano funcionalista num contexto socioeconómico em mudança. Para situar a emergência do conceito de "projeto urbano" e compreender as questões a que tenta dar resposta, é necessário rever o contexto atual do planeamento.

Esta nova forma de intervir na cidade não é uma moda que desaparecerá mais tarde; pelo contrário, tem diferentes dimensões arquitectónicas, urbanísticas, políticas, institucionais, económicas, financeiras, espaciais e sociais.... Afecta todos os fundamentos e a própria base do planeamento tradicional.

1.2. REGENERAÇÃO DE TERRENOS ABANDONADOS OU REGENERAÇÃO URBANA.

"Esta é a nova forma de intervir na cidade. Já não se trata de regular, orientar e controlar o crescimento na periferia da cidade, como se fez durante a Segunda Guerra Mundial e o período pós-independência na Argélia, mas de encontrar iniciativas para estimular o desenvolvimento das áreas centrais e abrandar a propagação da expansão urbana. É o que **CHALINE** (1999) designa por "urbanismo de regeneração", que se caracteriza pela extensão espacial da formação de terrenos baldios, pela obrigação de os poderes públicos intervirem para recuperar essas áreas e pela renovação dos objectivos e métodos de planeamento (**COURCIER**, 2002).

A reciclagem dos espaços urbanos não é uma novidade, mas o abrandamento do crescimento demográfico e económico na Europa, a crise imobiliária dos anos 90 e o desaparecimento de certos sectores de atividade, que levou ao encerramento ou à deslocalização de empresas, conduziram a um fenómeno generalizado de zonas industriais abandonadas. Trata-se de grandes superfícies situadas em bairros centrais ou na proximidade do centro histórico. Se estas zonas representam terrenos e oportunidades, a oportunidade de repensar a cidade está à vista.

O conceito de projeto urbano teve origem na Europa, mais concretamente em Itália, com a reestruturação da cidade de Bolonha. A operação "recuppero", iniciada nos anos 60, tinha como objetivo reconstruir as ligações entre as diferentes partes da cidade de Bolonha, procurando manter um equilíbrio entre elas. A cidade era vista como um todo, e as mudanças numa parte tinham consequências imediatas e a longo prazo para as outras partes da cidade. A base teórica em que assenta esta noção foi consagrada no pensamento de GUSTAVO GIOVANNONI, que defendia que não se devia dar importância apenas a um monumento histórico ou a um centro histórico, negligenciando o contexto global em que esse elemento se inseria, mas que a cidade devia ser considerada como um todo, como um património que precisava de ser desenvolvido. A abordagem torna-se então uma reflexão global sobre a

cidade, conduzindo a uma abordagem aberta ao debate e à concertação com todos os actores que a compõem.
Em França e na Europa de então, havia um planeamento tradicional. A Itália sempre foi pioneira na arquitetura e na arte. A forma como as cidades eram planeadas tornou-se obsoleta, porque não tinha em conta o que já existia, e as pessoas começaram a criticar a "tábua rasa" e a renovação. O urbanismo foi criticado por apagar a história em detrimento do novo, e as opiniões dos cidadãos, das associações e dos historiadores foram tidas em conta... O urbanismo, que era uma prerrogativa do Estado, passou a ser uma questão de tons... A concertação foi tida em conta, assim como as interações entre os diferentes actores da cidade. Os habitantes e os utentes, até então submetidos às soluções do Estado, tornam-se actores responsáveis, contribuindo com as suas ideias para a procura da solução ideal.
Esta operação de Bolonha espalhou-se e os HALLES de Paris aproveitaram-na para a sua transformação. Havia soluções prontas, mas este estado de coisas foi evitado, e a operação foi iniciada gradualmente "à medida que avançava", a partir das críticas e dos debates culturais dos parisienses. Pela primeira vez, fala-se do "génio dos lieux".
No entanto, estas operações são complexas e representam um encargo para as cidades, devido às diferentes consequências que acarretam. São muitos os obstáculos a ultrapassar: solos contaminados, degradação dos edifícios, perda de potencial fiscal para as colectividades locais, custos elevados de reabilitação. Estas zonas abandonadas têm uma história, um significado, fazem parte de um bairro, de uma cidade. E já não podem ser reabilitadas a partir do zero. Um certo número de valores tornaram-se essenciais, tais como :
-ambiente, paisagem, qualidade de vida, património, desenvolvimento sustentável, etc. e o sistema de actores envolvidos é mais vasto e complexo.
Em segundo lugar, os problemas enfrentados por estes sítios ocorrem a diferentes escalas, desde o bairro à cidade, à região, ao país e mesmo ao planeta.
As autoridades que deveriam intervir nestes domínios não têm necessariamente capacidade financeira para o fazer. De facto, *"hoje, os mecanismos de regulação que asseguravam a continuidade revelam-se insuficientes para reafectar, a longo prazo, os vazios, as lacunas e os terrenos baldios que se abrem e mancham muitos tecidos urbanos. Este é o resultado de uma acentuada discrepância entre os ritmos e os tempos da cidade, os do seu ambiente construído e os dos seus diferentes utilizadores"* (**CHALINE**, 1999, p.3).
Assim, perante esta incapacidade de atuar com os meios antigos, as autoridades têm de encontrar soluções para atrair investimentos e empresas criadoras de emprego, posicionando-se num contexto de concorrência acrescida entre cidades.
A lógica entre a procura e a oferta de espaço inverteu-se. No passado, havia uma necessidade (de equipamento, de alojamento, etc.) e era necessário encontrar um lugar para a satisfazer. Hoje, há um espaço disponível e é preciso encontrar uma nova utilização para ele.
A realização destes projectos de reabilitação de zonas industriais abandonadas é um processo longo e difícil. Os promotores já não podem pensar em conceber um plano e executá-lo rigorosamente tal como foi elaborado, mas sim adaptá-lo a um ambiente em rápida mutação e a um sistema complexo de actores, o que deu origem a novos desafios para os planeadores a diferentes escalas, desde o bairro à cidade, passando pelo nível regional, nacional e mesmo internacional. **O PROJECTO URBANO TENTA RESPONDER A ESTES NOVOS DESAFIOS...**
O projeto urbano é certamente um conceito tardio, mas tornou-se essencial no contexto da recuperação de espaços que foram ultrapassados pelas circunstâncias do século. Exige a

participação de todos (tecnocratas, políticos, técnicos, outros actores de diferentes disciplinas, utilizadores, residentes, cidadãos, etc.), porque todos são afectados pelo espaço e pelo seu projeto. A imagem criada pelo projeto nestas áreas tem um impacto em toda a cidade e nos seus visitantes. Esta visão de conjunto interessa ao futuro porque será legada como património a outras gerações e a obra será julgada, comentada, apreciada ou depreciada em função do impacto que tiver tido. A responsabilidade é partilhada

CONCLUSÃO

O primeiro curso sobre o projeto urbano permite ao formando reconstituir o nascimento do conceito e as operações que marcaram o seu nascimento. Assim, foram necessários alguns lembretes e preliminares para introduzir o conceito de uma forma flexível (qualidades do projeto urbano) na visão do planeamento tradicional e na procura de estratégias conciliadoras e não segregadoras para todos os utilizadores do espaço, quer sejam residentes, decisores, promotores, financiadores ou visitantes. Como o projeto urbano é polissémico, começaremos por descrever o campo de ação em que ele se desenvolve. Vimos que o projeto urbano é uma abordagem que abrange todas as escalas: desde o edifício, passando pelo bairro, até à cidade inteira e, por fim, abrangendo todo o território. Este é o tema do próximo curso, que aborda as escalas urbanas atravessadas pelo projeto urbano.

11. <u>CURSO N°II / ESCALAS DE PROJECTO URBANO</u>

INTRODUÇÃO

12. AS ESCALAS DO PROJECTO URBANO// O PERÍMETRO EM CAUSA

12.1. O PROJECTO URBANO À ESCALA DE

A ESTRATÉGIA DE ATRACTIVIDADE DAS AGLOMERAÇÕES

12.2. PROJECTOS DE CIDADES //IMPACTO NA IMAGEM

12.3. O PROJECTO OPERACIONAL OU O PROJECTO DE ARQUITECTURA/ REDEFINIÇÃO E COMPOSIÇÃO/FLEXIBILIDADE

12.4. A ESCALA TEMPORAL DO PROJECTO URBANO// TEMPO E ESPAÇO

TALENTO

CONCLUSÃO

INTRODUÇÃO

As cidades expandem-se, crescem e consomem o território em função de razões económicas, culturais, sociais e funcionais. Os diferentes períodos de desenvolvimento espacial da cidade testemunham o crescimento e o carácter sedento de terra dos aglomerados humanos e industriais. A cidade, já apertada dentro das suas muralhas, foi progressivamente mordiscando todos os espaços circundantes, constituídos por comunas, aldeias e outros aglomerados urbanos. Com a ajuda dos transportes, a aglomeração tomou forma. Foram construídos bairros residenciais, estradas, escolas, centros comerciais e outros equipamentos para dar vida a estes novos bairros, e porque era mais barato para os investidores instalarem-se na periferia ou nos subúrbios (os centros das cidades tinham de ser preservados, a zona era protegida, não havia terrenos livres, etc.). A expansão urbana prolifera, engolindo as boas terras agrícolas que alimentam as cidades. Deste ponto de vista, **a "construção da cidade sobre a cidade"** ou o urbanismo de regeneração toma o lugar e torna-se então **"a obra a fazer, a recomendar",** sobretudo se o estado do sítio for insalubre e degradado ou abandonado.

Esta nova forma de pensar trava a expansão urbana, valoriza o centro existente e ajuda a recuperar as grandes áreas de terreno conhecidas como "baldios urbanos", deixadas para trás pela saída de empresas, a deslocalização de fábricas e o abandono de edifícios que mudaram de função... Se estes espaços representam oportunidades, a possibilidade de repensar a cidade está à vista. O único problema é que a ação é difícil, com consequências por vezes lamentáveis. Assim, a prática da acupunctura urbana está a difundir-se, concentrando-se em lugares capazes de gerar efeitos induzidos que evitem apagar a memória dos lugares e o valor simbólico que lhes foi atribuído ao longo do tempo.

O projeto urbano atravessa o bairro, afecta toda a cidade, impacta o território e recebe ordens dos mais altos níveis de autoridade. Com a sua dupla designação de projeto e de urbano, reflecte os diferentes tempos e escalas de intervenção.

II. AS ESCALAS DO PROJECTO URBANO// O PERÍMETRO EM CAUSA

Identificar as escalas do projeto urbano significa conhecer a pertinência do perímetro em que será realizado, o que constitui o elemento fundamental para avaliar a viabilidade do projeto. Trata-se de definir previamente o espaço em que a cidade poderá exercer eficazmente as suas competências e permitir uma gestão economicamente viável. O território escolhido deve ser suficientemente vasto para garantir a rentabilidade do investimento público ou privado realizado no projeto. Deve congregar zonas de atratividade económica, parques empresariais, zonas habitacionais, agricultura, indústria e comércio, bem como zonas de desenvolvimento futuro. O perímetro relevante é, de facto, a área de influência de um ou mais pólos económicos associados, com uma oferta suficientemente diversificada para tornar a cidade autossuficiente.

De um único edifício a construir, reconstruir ou renovar, a um bairro a remodelar, a uma aglomeração que deve ser repensada, o projeto urbano atravessa todas as escalas, formando redes à escala de uma área, de uma região ou mesmo de um país. Põe em causa o planeamento tradicional, que necessitava de um **perímetro mestre de desenvolvimento** ou de um perímetro de bairro para planear. Nas palavras de **DEVILLIERS** (1994, p. 12), "*o projeto urbano não é uma profissão, mas uma competência; não é um procedimento, mas um processo. Trata-se de reunir uma equipa multidisciplinar e de adotar uma atitude aberta ao debate, às novas ideias, à crítica construtiva... Em suma, trata-se de trabalhar com o que já existe.*

Assim, para além das escalas temporais e espaciais, há transdisciplinaridade e consenso entre os diferentes actores reunidos pelas intervenções.

Em função da escala, o projeto urbano assume diferentes designações. **MERLIN E CHOAY** (1996) distinguem três tipos de significado em função da escala territorial: **o projeto urbano político, o projeto urbano operacional e o projeto urbano arquitetónico. INGALLINA** (2001) classifica os projectos do ponto de vista do planeamento estratégico num processo ascendente: **do local para o global** e num processo descendente de consulta "**do global para o local".** O todo se entrelaça através da articulação e do entrelaçamento de atividades e escalas. FIGURA 1.

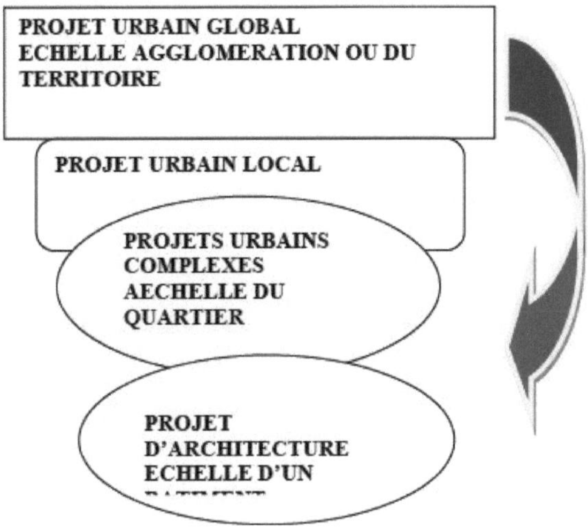

PROJECTO URBANO GLOBAL À ESCALA DA AGLOMERAÇÃO OU DA REGIÃO
PROJECTO URBANO LOCAL
PROJECTOS URBANOS COMPLEXOS A NÍVEL DE BAIRRO
PROJECTO
ARQUITECTURA
ESCALA DE A

FIGURA 1: O entrelaçamento das escalas do projeto urbano (Autor, 2023)

11.1. O PROJECTO URBANO DA AGLOMERAÇÃO *//ESTRATÉGIA DE ATRACTIVIDADE.*

O principal desafio para as cidades é desenvolverem-se de forma coerente e equilibrada em todas as suas componentes, sejam elas económicas, sociais, culturais, ambientais ou relacionadas com o território.

Os planos de desenvolvimento tradicionais eram incoerentes e não tinham em conta a interterritorialidade. Com o projeto urbano, a cooperação entre cidades vizinhas e de uma mesma região ou município passa a ser o ponto de partida para que, reunindo as suas potencialidades, possam ter um impacto importante noutros aglomerados urbanos. Era, pois, necessário institucionalizar a cooperação no domínio do planeamento estratégico, que **INGALLINA** (2001, p.32) designa por *"planeamento estratégico alargado à escala da aglomeração... O planeamento estratégico é portador da globalidade, e o seu interesse reside na tentativa de ultrapassar a fragmentação das questões locais subjacentes ao ordenamento do território".*

A abordagem global permite evitar conflitos entre municípios de um mesmo território, uma vez que é efectuado um diagnóstico prévio para identificar as desvantagens e os pontos fortes de cada município e para identificar as oportunidades de desenvolvimento que podem servir de base a uma planificação estratégica, orientada para os eixos susceptíveis de impulsionar o desenvolvimento do território e tendo em conta as constantes permanentes e os objectivos como o desenvolvimento sustentável. Um projeto de dimensão limitada (à escala de um bairro, por exemplo) pode ter um impacto em toda a cidade e mesmo na região.

11.2. PROJECTOS DE CIDADES //IMPACTO NA IMAGEM

As novas exigências do contexto atual, ou seja, o reconhecimento do conceito de desenvolvimento sustentável, a afirmação da abordagem de projeto nos textos legislativos e a nova organização dos espaços urbanos no mundo, deram origem a uma abordagem metodológica rigorosa para o desenvolvimento dos projectos de cidade ou de região. Os GPV (grandes projectos de cidade) inspiram-se no quadro de referência dos objectivos de desenvolvimento sustentável na fase de diagnóstico territorial e na fase de definição do conteúdo do projeto, a fim de :

- avaliar a região à luz dos objectivos de desenvolvimento sustentável ;
- dar prioridade a uma abordagem de projeto com base nas caraterísticas e problemas locais ;
- mobilizar as partes interessadas e estimular o debate sobre o desenvolvimento da aglomeração e uma visão prospetiva do seu futuro.

Para que os VBP se mantenham actuais, devem ser actualizados em função das mudanças no tempo e no espaço. Podem estar sujeitos a mudanças conjunturais, estruturais ou sectoriais que marcam a evolução das cidades e responder a critérios baseados em novos elementos como :

- a revisão legislativa do ordenamento do território, que não só oferece novos instrumentos, mas também está em conformidade com as novas orientações políticas, impulsionadas pelas exigências do desenvolvimento sustentável;
- a vontade expressa pelo legislador de privilegiar as abordagens baseadas em projectos e não em procedimentos, em função das caraterísticas e dos desafios específicos da cidade em questão, mobilizando os parceiros desde a fase de conceção até à execução do projeto;
- o imperativo da solidariedade intermunicipal está a ganhar terreno com a criação de futuros contratos de aglomeração.

Tendo em conta o contexto, este exercício exigia uma nova abordagem. Era necessário inventariar o território da aglomeração, um espaço habitado dotado de uma identidade, e evidenciar os seus pontos fortes e fracos face aos desafios do desenvolvimento sustentável. O objetivo é assegurar uma maior pertinência dos projectos e uma maior apropriação por parte dos actores locais, através de uma abordagem mais qualitativa e participativa.

11.3. O PROJECTO OPERACIONAL OU O PROJECTO ARQUITECTÓNICO REDEFINIÇÃO E COMPOSIÇÃO/FLEXIBILIDADE

O objetivo de um projeto urbano à escala local de um bairro ou de um edifício é redefinir, recompor, dividir, abrir, revitalizar, regenerar ou coser um espaço, um lugar, um equipamento, etc. Combinando a reabilitação e a demolição, a renovação e a conservação, deve responder aos imprevistos num espírito de flexibilidade e de adaptação, mobilizando a população em torno dos projectos para recriar a cidadania e assegurar a concertação. O programa é elaborado com base em negociações com todas as partes interessadas, com um trabalho de ida e volta para garantir a coerência e uma representação satisfatória do conjunto. Trabalhando em estreita colaboração com os elementos da forma urbana envolvente, garante que o novo projeto se integre na sua envolvente, sem diminuir a identidade já adquirida, ou reforçando e valorizando este aspeto. Neste sentido, como salientam **MANGIN E PANNERAI** (1999), ultrapassa o domínio estrito dos técnicos de construção para englobar os aspectos sociais, económicos e culturais do local. **HUET** (1986) refere-se ao projeto urbano como um instrumento de mediação entre a cidade e a arquitetura.

11.4. A ESCALA TEMPORAL DO PROJECTO URBANO// TEMPO E TALENTO

O projeto urbano é um processo que exige a contribuição de várias disciplinas, de vários actores direta ou indiretamente implicados, tendo em conta os diferentes parâmetros do sítio, ou os da economia ou os relativos ao calendário. Para que o projeto urbano seja realista, devem ser tidas em conta as fases sucessivas do planeamento e as perspectivas a curto, médio e longo prazo. Estas fases determinam os objectivos a atingir e, para outros, a escolha de orientações gerais, consensuais e calendarizadas. Este fator, o "tempo", se for bem dominado desde o início, incentiva os investidores e sobretudo os parceiros privados a investir, porque avaliam o seu ganho numa escala temporal de **"retorno do investimento a curto, médio e longo prazo"**, de **ganhos e perdas.**

Para escapar à vacuidade das palavras, o projeto urbano é avaliado no tempo e no espaço, atravessa as escalas de forma flexível, responde à estreiteza do planeamento tradicional, define objectivos precisos, claros e concisos, assume as qualidades de flexibilidade e de adaptabilidade, constrói-se com parceiros sérios e diversificados, actores motivados e conscientes (públicos, privados, cidadãos), assume limites espaciais e temporais variados, altera ferramentas obsoletas criando outras capazes de responder às novas exigências dos processos de "fazer a cidade".

CONCLUSÃO

Como o projeto urbano é ainda um conceito vago e a sua definição merece uma exploração transdisciplinar, começámos por estabelecer o seu campo de ação através das escalas urbanas, desde o território, à cidade, ao bairro e até ao edifício arquitetónico. Numa ação de baixo para cima, o nível local toma a locomotiva e move-se através das espacialidades, dando a cada paragem o seu próprio conjunto de acções e impactos. Identificar o perímetro "relevante" do projeto urbano não é tarefa fácil, dada a escala das operações envolvidas. No entanto, dominar e gerir a "área alvo" torna a ação concreta e a estratégia relevante. Exige interdisciplinaridade e transdisciplinaridade, e é precisamente este o conteúdo do terceiro curso.

CURSO N°III: PROJECTO URBANO /// ABORDAGENS/PROCESSOS E DISCIPLINAS

INTRODUÇÃO

111.O QUE É O NASCIMENTO DE UMA NOVA DISCIPLINA E A QUE É QUE PODE ESTAR ASSOCIADO?

111.1. O PROJECTO URBANO E AS DIMENSÕES DESTACADAS.

111.1.1. DIMENSÃO POLÍTICA OU INSTITUCIONAL

111.1.2. DIMENSÃO ECONÓMICA E FINANCEIRA

111.1.3. PLANEAMENTO URBANO E ARQUITECTURA

111.2. ABERTURA E FLEXIBILIDADE DA CONCLUSÃO DO PROCESSO DE PLANEAMENTO

INTRODUÇÃO

Para acompanhar a evolução dos tempos, **cada cidade** propõe um projeto urbano. Quer se trate de reabilitar o seu centro histórico, de transformar as rendas fundiárias deixadas pela deslocalização ou pelo encerramento de empresas, de conceber um complexo cultural ou turístico, de mudar a sua antiga rede de transportes e substituí-la por infra-estruturas modernas, de se reconverter ao sector terciário, de renovar o seu parque habitacional... a estratégia do projeto urbano é a abordagem a seguir. Há certas constantes que podem ser identificadas e certos critérios que devem ser respeitados, qualquer que seja a diversidade dos projectos, onde entram em jogo múltiplas disciplinas. Com que é que é compatível?

III. O QUE É O NASCIMENTO DE UMA NOVA DISCIPLINA E A QUE É QUE PODE ESTAR ASSOCIADO?

Desde o início, vários autores associaram o projeto urbano ao "urbandesign" (**INGALLINA**, 2001, **MERLIN E CHOAY**, 1996), enquanto outros sublinharam a diferença entre estas duas abordagens (**GIRALDEAU**, 1990). Alguns teóricos situam-no num "nível intermédio entre o planeamento e a arquitetura" **(DEVILLIERS**, 1990) ou entre o plano e o projeto tradicional **(BUSQUETS**, 1990).

Em relação a estas escalas da cidade, que remetem também para disciplinas específicas, há divergências quanto à definição do projeto urbano e à tentativa de associar este conceito a uma disciplina existente. Outros falam de "urbanismo de projeto", para descrever o planeamento urbano que teve lugar na cidade de Barcelona (**BOHIGAS**, 1985), ou de um "sistema de planeamento urbano de projeto" quando são "os projectos particulares que constituem o plano global" (**MERLIN E CHOAY**, 1996, p. 647). O urbanismo de projeto remete para as práticas do início do século XX e para o movimento "City Beautiful" (**MARSAN**, 1994, p.324), para o "Movimento Moderno" (**PINSON**, 1997, p. 93; **DEVILLIERS**, 1994), e é para se distanciar deste que o termo projeto urbano é utilizado desde 1970. Esta hesitação em aproximar o projeto urbano das disciplinas existentes e em marcar a sua especificidade, mostra que este conceito está em vias de definição (**COURCIER**, 2002).

Mais do que confinar o projeto urbano a uma ou outra disciplina ou escala de intervenção, o interesse deste conceito reside, pelo contrário, na sua capacidade de ligação e de articulação. Nas palavras de **DEVILLIERS** (1994, p.12), "o projeto urbano não é uma profissão, mas uma competência; não é um procedimento, mas uma abordagem acompanhada de um procedimento". Trata-se de reunir uma equipa pluridisciplinar e de adotar uma atitude aberta. Trata-se de trabalhar com o que já existe". Por isso, tem de haver coerência entre os diferentes níveis e disciplinas.

III.1. 1. O PROJECTO URBANO E AS DIMENSÕES DESTACADAS.

Constantes perenes estruturam as bases sobre as quais o projeto urbano é concebido. Trata-se de uma cidade que já existe, consolidada, para utilizar a expressão de **MASBOUNGI** (2002), com uma identidade estabelecida ao longo dos tempos, uma força económica consolidada, mesmo que inoperante, e um modo de vida permanente. Conseguir transitar entre estes traços permanentes e as recomposições propostas exige que o projeto urbano seja flexível e adaptável, ao mesmo tempo que trabalha em sinergia com todos estes traços. O projeto urbano apoia-se, portanto, nas suas três dimensões para cumprir a sua missão enquanto abordagem de planeamento que substitui o planeamento tradicional ou o "planeamento global".

III.1.1.1. DIMENSÃO POLÍTICA OU INSTITUCIONAL

As ferramentas do planeamento tradicional revelaram-se obsoletas face à nova abordagem. O crescimento económico, impulsionado pela oferta e pela procura, tornou-se uma questão de concorrência entre países, cidades, regiões e territórios. O planeamento urbano foi posto em prática para atrair investidores que criassem empregos e actividades e impulsionassem a expansão, a fim de tornar o espaço competitivo tão atrativo como o dos outros concorrentes. Era, pois, necessário institucionalizar estas estratégias, introduzindo procedimentos de consulta e de negociação no quadro jurídico dos instrumentos urbanísticos da época. Era necessário acentuar a ascendência e a coerência locais num movimento permanente de "vai e vem". O projeto urbano assenta, portanto, numa lógica ascendente que permite compreender o projeto em função dos seus problemas locais e globais. É a ideia de que um determinado projeto deve ser uma oportunidade para questionar as necessidades a diferentes escalas, propondo instituições jurídicas capazes de proteger e ancorar a ideia na sua dimensão espacial. É esta coerência local e global, delimitada no tempo e no espaço, que caracteriza a dimensão política e institucional do projeto urbano.

III.1.2.2. DIMENSÃO ECONÓMICA E FINANCEIRA

Devido à concorrência entre as cidades, o território tornou-se um produto a vender e a comercializar. O seu valor é calculado em função do seu potencial e das oportunidades que oferece ao mercado. São então realizadas acções para atrair investidores, com o objetivo de criar projectos de desenvolvimento urbano para os quais as fontes de financiamento são uma condição prévia para a sua viabilidade e implementação. As acções empreendidas são articuladas num mecanismo que garante o "produto do projeto". Formam-se parcerias, clarificam-se as percentagens (investimento a 30, 40, 50%...), lobbies fortes podem assumir a liderança da execução de acordo com os seus interesses e reorientar o projeto para as suas próprias acções. É o que Philippe **GENESTIER** (1993) denuncia no número 288 de "L'Architecture d'Aujourd'hui", quando escreve que *"o projeto urbano é um processo operacional cujo objeto é a cidade, que responde a uma lógica de mercado". Este estado de coisas é uma deriva da concertação, onde grupos influentes impõem as suas ideias como empresários, e quem perde é o cidadão comum. O projeto urbano será então submetido à ideologia da sub-pragmática liberalizada.*

III.1.3.3. PLANEAMENTO URBANO E ARQUITECTURA

BUSQUETS (1990), sublinha que o grande significado do projeto urbano advém das suas possibilidades relacionais (articulação de espaços e edifícios, confronto de símbolos e funções que conduzem ao aprofundamento do seu conteúdo e à sua justificação). O projeto urbanístico foi muitas vezes legitimado por dados externos e aplicado sem ter em conta as especificidades do lugar, enquanto o projeto urbano deve emergir da dinâmica local (**REMY**, 1998). O projeto de urbanismo tradicional é o resultado de uma abordagem pericial baseada numa lógica que se pretende científica. Baseia-se em objectivos gerais definidos pelos urbanistas. Só quando os números do programa, como as alturas, as densidades, as superfícies, etc., se sobrepõem ao projeto, à finalidade do sítio, à sua especificidade e ao seu simbolismo, é que ele se deixa prender a uma abordagem legal e regulamentar, mas demonstra uma flexibilidade adaptável. É um processo de inserção e de integração que oferece abertura a qualquer obstáculo. Garante também :

- uma base territorial de dimensão variável ;
- conceção e desenvolvimento a longo prazo ;
- a capacidade de controlar e influenciar a vizinhança ;
- atenção ao funcionamento do bairro novo ou remodelado ;
- um conjunto de propostas económicas, jurídicas, institucionais e conceptuais para tornar este projeto possível e viável;
- uma proposta de imagens colectivas da cidade e do bairro remodelado.

III.2. 2. ABERTURA E FLEXIBILIDADE DO PROCESSO DE PLANEAMENTO

O projeto urbano é concebido para facilitar a formação de parcerias em torno de objectivos concretos. Não é estático e fixo; insere-se no ambiente em mutação, encontrando o seu lugar na dinâmica urbana. A sua racionalidade não é dada de antemão; é criada durante o processo de planeamento. É uma atitude que permite a abertura às oportunidades e às certezas. É uma atitude que procura envolver um vasto leque de actores na conceção e na realização do projeto. O projeto urbano inscreve-se num processo de planeamento aberto e flexível. Permite que os intervenientes aprendam no âmbito do processo de planeamento e que o projeto seja aceite pela população (**COURCIER**, 2002). Preocupa-se com a construção progressiva do sentido do projeto. O planeamento deve permitir flutuações, criatividade e imprecisão... mas, por outro lado, para que esta gestão não se transforme num empirismo completo, antitético ao planeamento urbano, o projeto "essencial" deve ser, ainda mais do que no planeamento tradicional, formalizado, explícito, sustentável, totalmente aceite e apropriado por todos os investidores. As estratégias devem ser mais processuais, centradas nos modos de problematização e nos esquemas de ação, mais do que nas escolhas particulares (**ASCHER**, 1995). O projeto urbano propõe uma conceção da relação entre conhecimento e ação em que já não existe uma relação de subordinação entre um e outro, como no passado, mas sim um contínuo ir e vir entre um e outro.

No modelo de planeamento global, o projeto é algo que está bem definido, ou será realizado como previsto, ou com derrogações. O eventual desfasamento entre o projeto e a execução não é tido em conta. O que se apresenta é uma visão linear da conceção, da execução e do acompanhamento de um projeto, tal como proposto no trabalho de **WRENN** (1983) sobre o desenvolvimento das frentes de água FIGURA 2 .

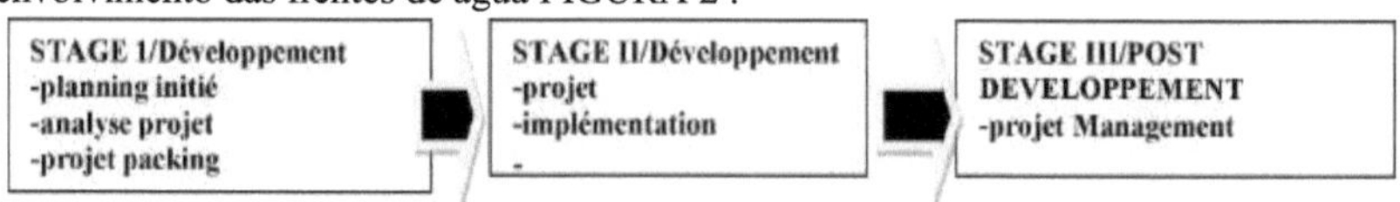

FIGURA 2: Processo de desenvolvimento (WRENN, 1983, p.74, in Courcier, 2002, P.19)

O projeto urbano evoluirá à medida que for sendo concebido e realizado. O processo de decisão é visto como um processo pluralista de convergência para um compromisso, tal como descrito por **MONNIER** (1992) a propósito da reavaliação da ação dos poderes públicos. O programa não progride linearmente da declaração de intenções inicial até aos resultados, mas transforma-se sob o efeito de conflitos sucessivos, e uma decisão emerge da troca de pontos de vista e de argumentos de várias maneiras. O processo de tomada de decisão pode ser apresentado de forma muito esquemática sob a forma de um fluxo em turbilhão que inclui três componentes principais: formulação da ação, execução da ação e avaliação dos efeitos. Para resumir as diferenças entre os dois tipos, o quadro seguinte sintetiza as dimensões apresentadas pelo planeamento tradicional e pelo projeto urbano.

III.3. água 1. Comparação das dimensões destacadas no planeamento tradicional e nos projectos urbanos

PLANEAMENTO TRADICIONAL	PROJECTO URBANO
Coerência global e lógica descendente	**Coerência local e lógica ascendente**
• Exaustividade a nível da cidade, visão integrada das diferentes dimensões da zona • Do plano diretor ao projeto local	• Estudo aprofundado de um projeto específico limitado no tempo e no espaço • Do projeto específico ao plano global
* **Lógica instrumental e burocrática** * decoupage, funcionalismo * legitimar o projeto com dados exterior. * objectivos de interesse público geral definidos pelos responsáveis pelo planeamento. O Estado é o decisor	-**Integração e abertura democrática** * integrar as diferentes dimensões do projeto * comparar as componentes internas do projeto * objectivos específicos, interesse geral a desenvolver gradualmente com as partes interessadas. Criação de parcerias
-**Processo de planeamento linear** * distinção clara entre conceção e produção * Regime preciso, prescritivo e fixo	-**processo de planeamento aberto e flexível** * as fases do projeto são consolidadas * aberto a oportunidades e incertezas

Fonte: (in Courcier, 2002)

CONCLUSÃO

O projeto urbano afecta múltiplas escalas, recorre a várias disciplinas, subdivide-se em dimensões de acordo com as especialidades (institucionais, económicas ou de política urbana e espacial), é flexível e adaptável em termos de acções a realizar e a pôr em prática, adapta-se às consequências no terreno, adapta-se às exigências da realidade, integra-se em processos já em curso, tem em conta os interesses gerais evitando fricções entre os intervenientes, está rodeado de uma abertura democrática e cria um marketing urbano em torno do projeto.Em suma, trata-se de uma abordagem ascendente ao planeamento tradicional.

O projeto urbano é, em última análise, uma estratégia de planeamento flexível. Atravessa todas as escalas de um território e é definido de acordo com o perímetro pertinente, implicando a consulta e a participação de todos, porque diz respeito a todos. As suas definições estão a tornar-se mais precisas, e este é o tema da quarta lição.

CURSO N°IV/// PROJECTO URBANO// DEFINIÇÕES ADICIONAIS

INTRODUÇÃO

Antes de apresentar qualquer definição de projeto urbano, começámos por decompor o conteúdo, os fundamentos, os procedimentos e os processos que caracterizam este conceito. Tratando-se de um conceito polissémico e ambíguo, tivemos de o contornar, de o identificar, de nos familiarizarmos progressivamente com as suas diferentes considerações e de compreendermos verdadeiramente os meandros deste processo.

Analisaremos algumas das definições apresentadas pelos teóricos do planeamento urbano e as bases em que se basearam para apresentar esta ou aquela noção. Terminamos o curso com uma definição própria.

IV. DEFINIÇÕES DO CONCEITO

Em primeiro lugar, a planificação tradicional de cima para baixo, ou seja, as ordens emanam das autoridades centrais e estendem-se depois aos níveis regional e local. A base, que é a cidade, está sujeita ao projeto e é chamada a executá-lo, mesmo que o projeto não se enquadre nas suas estratégias de desenvolvimento. Acontece mesmo que uma imposição vinda de cima obriga as colectividades locais a aceitar e a realizar tal ou tal projeto, mesmo que este seja contrário aos interesses do município. Assim, para fazer face a estes "constrangimentos", que por vezes destroem o passado e apagam a identidade, um novo conceito emerge do lote e impõe-se pela sua flexibilidade e pela sua conciliação com todos os parâmetros.

V. .1 ALGUNS TEÓRICOS E SUAS ABORDAGENS

Analisaremos as opiniões dos vários partidos e as tendências de cada um. A síntese será feita através da reunião dos vários constituintes.

IV.1.1 Segundo HAYOT (1997, p.22), "*o projeto urbano nasce de uma crítica ao urbanismo regulamentar e técnico e constitui uma alternativa interessante.* Esta visão é, de facto, global. Põe em causa o planeamento tradicional, baseado em regulamentos muito rigorosos ditados pelas autoridades centrais e impostos às populações locais. A alternativa **de HAYOT** vê-se como uma via de escape a estas obrigações técnicas.

IV.1.2 Segundo LAPERRIERE (1998, p.116), este utiliza a definição de forma urbana de **STEINBACH** (1993) e acrescenta que se trata de uma abordagem que atribui um papel central aos actores. Insiste no processo que se desenrola desde a ilha até à aglomeração.

"O projeto urbano é o produto de um encontro de actores sociais para definir as questões, escolher estratégias e encontrar formas de moldar um espaço urbano. Este encontro, simultaneamente conflitual e cooperativo, ultrapassa a simples colagem de objectivos e visões".

Por conseguinte, pressupõe a existência de :

- de um **"desejo de projeto"** baseado na convicção de que a modelação de um espaço pode provocar mudanças em toda a sociedade urbana;
- de uma **"situação de projeto"** que desafia os actores sociais, incitando-os a pensar, a

imaginar e a querer mudar;

- um **"referente comum"** para os diferentes actores, permitindo-lhes não tanto chegar a um consenso como partilhar perspectivas sobre os problemas da sociedade urbana;
- um **"contexto de ação e de trabalho de campo"** que obriga os actores a trabalhar em tempo real nos lugares e nos quadros que construíram.

É a articulação destas 5 componentes - **voluntário-situação-referente-permanência-contexto...** que define o projeto urbano.

Este último testemunha a transição da cidade-objeto para a cidade-projeto, que não é necessariamente completa.

Esta definição, centrada na dimensão processual, exige a aplicação de uma abordagem de projeto coerente com a vontade de abertura e de integração que caracteriza o projeto urbano. **LAPERRIERE** fala de um projeto que é o produto da interação entre os actores e situa-o tanto em relação às perspectivas gerais da sociedade urbana como a um contexto no terreno que lhe permite ancorar-se na realidade quotidiana.

Esta definição não reflecte a ideia de que "o desejo de um projeto" não é algo inato. O valor de iniciar um projeto urbano está longe de ser óbvio para muitos actores. Um projeto surge de uma reflexão, de uma situação, de um espaço e, sobretudo, de uma verdadeira ligação entre todos.

IV.1.3. De acordo com P. MERLIN e F. CHOAY (1996, p.646)

O projeto político urbano é um projeto para a cidade. Propõe imagens colectivas do futuro. É uma forma de chegar aos decisores e de conquistar o apoio da população da comunidade através da afirmação de uma identidade e de uma visão partilhada do futuro. "*O projeto urbano mobiliza todos os actores em torno de uma imagem de futuro*".

As nossas referências permitem-nos propor uma definição do projeto urbano, que continua a ser um conceito ambíguo e que revela mais ou menos a sua especificidade. O objetivo é situar a noção de projeto urbano no seu contexto, mostrar o que este conceito abrange, as suas origens e os seus diferentes significados, e propor uma definição ampla, que englobe o maior número possível de referências, provando que se trata de uma prática de planeamento particular que permite agir sobre a cidade através de um projeto específico.

A noção de projeto urbano é um quadro de reflexão sobre a forma de regenerar a cidade em benefício dos seus habitantes.

IV.1.4. De acordo com P. INGALINA (2001), S.COURCIER (2002)

O quadro de pensamento inclui na sua esteira um fator económico de coesão social e urbana baseado na definição de **SOKOLOFF** (2000, pp.51-61) que o define como *"aquela forma que consiste numa operação emblemática portadora de uma imagem e que deve induzir um desenvolvimento económico, social e urbano acelerado"*. Neste sentido, baseia-se no projeto da cidade de Barcelona, que levou vinte anos a ser concluído, fazendo da cidade um estaleiro a céu aberto em constante evolução. O conceito baseia-se nos problemas com que se depara qualquer cidade (transportes, com a omnipresença do automóvel, poluição sonora, atmosférica e visual, expansão urbana, deterioração dos antigos centros históricos, insegurança, fragmentação, ...): os métodos de planeamento utilizados até então revelaram-se inadequados para fazer face aos novos problemas. Era necessária uma resposta sob a forma de políticas de gestão e de intervenção destinadas a revitalizar o território, com base no progresso, no desenvolvimento sustentável e nas expectativas sociais. Um conceito especialmente adaptado, dotado de todas as qualidades necessárias, nomeadamente flexibilidade, adaptabilidade, concertação, parceria e globalidade, para fazer face às novas exigências, arrancou com o **nome de "projeto urbano".**

IV.1.5. De acordo com ARIELLA MASBOUNGI (2002, p. 23)

O processo é visto como uma soma de investigação, e como uma alternativa ao planeamento tradicional, criando uma rutura com a abordagem sensível e estratégica da cidade. O seu quadro de investigação é tanto o espaço público, que é chamado a permitir que o projeto urbano construa a sua organização a partir da rede existente para melhor a harmonizar a todos os níveis, como os arranjos territoriais, articulando no tempo e no espaço diferentes dimensões tanto do real (espaços públicos, redes de infra-estruturas, redes técnicas, etc.) como do virtual (redes interligadas de empresas de serviços, comissões ou associações). Por conseguinte, torna-se multidimensional e regulador de conflitos. Esta visão leva-nos à definição de Ariella Masboungi, que defende a ideia das diferentes questões que o projeto urbano pode suscitar.

O conceito em questão é definido da seguinte forma: *"uma estratégia pensada e concebida para a cidade, uma expressão arquitetónica e urbana que dá forma à cidade e aborda questões sociais, económicas, urbanas e territoriais".*

Embora esta definição coloque a tónica na coerência urbana ou mesmo territorial, não inclui explicitamente a concertação que esteve na origem do projeto urbano. Enquanto elemento fundador, a interação entre os diferentes parceiros está latente. O autor destas palavras sublinha as constantes que todos os projectos urbanos devem respeitar, como o desenvolvimento sustentável, a qualidade da paisagem e do ambiente natural, as questões económicas, as infra-estruturas de transporte e a acessibilidade para todos. Trata-se, de facto, de um resultado desejado, desejável mas incerto. Para ser alcançado, o projeto urbano precisa de actores com uma visão partilhada. É necessário um forte empenhamento político para lutar contra as barreiras de todos os tipos, sejam elas físicas, funcionais ou sociais. Precisa do apoio dos cidadãos para respeitar os sítios e a sua história. Pede um financiamento que permita realizar os desenhos e as concepções do projeto comum. Pede novas regras e novos instrumentos que correspondam às suas ambições. O projeto urbano deve, portanto, funcionar com a permanência em que se baseia e com a flexibilidade associada a uma sociedade e a um mercado em constante mudança.

IV.2. MITOS E DERIVADOS DOS PROJECTOS URBANOS

O projeto urbano é visto como a reunião dos diferentes actores e a tomada em consideração da complexidade da cidade. Tem vantagens importantes, mas também pode ser uma ilusão ou um engano, ou a utilização de um vocabulário da moda.

DEVILLIERS (1988, p. 250) cita arquitectos que "rejeitam a noção de projeto urbano e a utopia global que lhe pode estar subjacente, ou seja, *"propostas urbanísticas que pretendem ser capazes de pensar e viver todo um bairro".*

BOUTINET (1993) identifica um certo número de desvios que qualifica de *"patológicos",* face à paixão generalizada pela *"gestão de projectos". Quanto a* **WILLIAMSON** *(1995),* apresenta uma abordagem crítica dos métodos atualmente utilizados para o desenvolvimento urbano, mas não recomenda uma alternativa a esses métodos.

IV.3. A SOLUÇÃO GERAL

O facto de uma estratégia utilizada num país com um contexto específico ter sido bem sucedida não significa necessariamente que possa ser transposta.

A escolha de uma solução genérica que não respeite as caraterísticas específicas do sítio deve ser evitada. O projeto mirabolante pode ser sedutor, mas os resultados não são muito convincentes. A título de exemplo, podem citar-se as obras dos eléctricos GPV (Grands

Projets de Ville) e o efeito do transporte público em via exclusiva (TCSP). Trata-se de grandes projectos que aproximam as cidades, com argumentos e justificações inesgotáveis, mas com efeitos nefastos e imprevistos que se revelam mais tarde, com impacto na vida da cidade. Uma década depois, somos confrontados com incoerências que, no início dos projectos, eram tratadas como qualidades intrínsecas. A temporalidade contribui para o aparecimento de incoerências espaciais, porque tudo muda e nada é constante.

IV.4. O PROJECTO URBANO OU A ILUSÃO DA MUDANÇA

O projeto urbano, apesar das suas caraterísticas intrínsecas, pode ser superficial, centrado no produto final, mas não questiona suficientemente as raízes do problema, os fundamentos do projeto e a identidade específica da comunidade. Há muitos exemplos desta situação, sobretudo na Europa e nos EUA. O projeto é visto como um chamariz que toma o lugar da imaginação do ator e se torna um objeto autónomo que encontra a sua justificação em si mesmo. Deixa de ser um ato intencional e transitório para se tornar um objeto finito, fechado e acabado, reflexo de uma imaginação satisfeita consigo mesma (**BOUTINET**, 1993).

As cidades que contratam grandes mestres para projectos de prestígio pensam que realizaram um projeto urbano, mas, na realidade, procuram tanta publicidade que tudo leva a crer que o seu principal objetivo não é a qualidade e a coerência urbana, mas o impacto mediático, o que obscurece a ausência generalizada de planeamento urbano baseado no projeto e na consulta das partes interessadas e dos utilizadores. É o caso da Grande Mesquita de Argel, da Mesquita Hassan 2 e de outros projectos de arquitectos famosos.

IV.5. DEFINIÇÃO GLOBAL/ A NOSSA PRÓPRIA REFLEXÃO

De acordo com os teóricos, as formas e os conteúdos dos projectos urbanos são muito variados: os projectos urbanos concebem frequentemente o desenvolvimento de bairros multifuncionais, combinando habitação, actividades económicas, produção de espaços públicos, lojas e equipamentos de lazer, etc. Alguns falam de projectos urbanos para a reestruturação de um grande espaço público [HUBERT et al. Há quem fale de projectos urbanos para a reestruturação de um grande espaço público [**HUBERT** et al., 2017], ou de um grande equipamento comercial ou de lazer, como a EuropaCity na região parisiense. Os investigadores que escreveram sobre o "projeto urbano" assinalam frequentemente este facto como prelúdio do seu trabalho: a expressão é vaga e polissémica [**BOURDIN**, 2001; **INGALLINA**, 2001; **ARAB**, 2004], o que provavelmente explica em parte o seu sucesso. A noção pode referir-se a um projeto político, o dos eleitos, para transformar uma cidade: neste caso, está associado a um programa e a compromissos políticos locais. Para os arquitectos, o termo projeto designa sobretudo o trabalho de conceção, de desenho, de modelação e de organização espacial dos edifícios e dos espaços públicos. Para os urbanistas, o projeto urbano refere-se a uma ou várias operações urbanas, muitas vezes de grande envergadura, que resultam no desenvolvimento físico de um novo bairro ou na requalificação de espaços urbanos existentes. O termo está também associado às práticas pedagógicas dos institutos de urbanismo, que estruturam profundamente a aprendizagem, mesmo que não correspondam efetivamente às futuras práticas profissionais dos estudantes. Em todo o mundo, as cidades implementaram projectos urbanos - isoladamente ou em conjunto com o Estado e/ou o sector privado - para se posicionarem no tabuleiro de xadrez da competitividade nacional, continental e internacional e da atratividade territorial. O recurso a este método de produção da cidade insere-se no contexto de um sistema urbano, sociocultural e económico em mutação. O projeto urbano é implementado num contexto de reconfiguração da governação urbana local, marcado pela incerteza, pela multiplicidade de actores e pela utilização de estruturas ad hoc. Enquanto alavanca da ação pública local, o projeto urbano molda a cidade, quer na forma como os actores constroem as questões em jogo nas políticas urbanas, quer na natureza dos objectivos que lhes são definidos, quer ainda nas formas de implementação dessas políticas (**PINSON,** 2000). Estamos a pensar aqui em trabalhos baseados na abordagem normativa (**MASBOUNGI** e **DEVILLIERS1996**; **MANGIN e PANERAI** 1999), analítica e genealógica (**HAUMONT1993**; **TOUSSAINT e ZIMMERMAN** 1998; **INGALLINA** 2001), actionista (**PINSON**, 2002, 2009), sociológica (**MARTOUZET**, 2018) ou mesmo crítica da ideologia do projeto (**GENESTIER**, 1996, 2001).

Quadro 2. Questões de política urbana, objectivos e métodos

PRISM	CONTOURSOS	AUTORES
INTERESSANTE O ESPECIALIDADE	-abordagem começando de 1'análise física de transformações e mudanças geradas pelo projeto urbano registado	PANNERAI e MANGIN(1990), INGALINA (2002), MASBOUNGI (2016)
ENVOLVIMENTO DAS PARTES INTERESSADAS	-abordagem dirigida a todos os intervenientes responsáveis pela execução do PROJECTO URBAN.	-ZIMMERMAN(2000,2004), COURCIER (2002), PINSON (2009), HUBERT et AL (2014), MARTOUZET (2018)
INTERESSANTE O TEMPORALIDADE	-abordagem dinâmica baseada na transcrição da narrativa do PROJECTO URBANO em função do tempo decorrido.	ARAB(2004), GROSBELLET(2016), JOLIVERT (2018)

Fonte: autor, 2023

CONCLUSÃO

A revisão da literatura orienta-nos para o projeto urbano através de várias abordagens. A abordagem espacial analisa as transformações físicas de um sítio, geradas pelas acções programadas e, evidentemente, pelas mudanças ocorridas. Philippe **PANNERAI E MANGIN em** 1999, Patricia **INGALLINA em** 2002. A segunda abordagem centra-se nos actores que têm a oportunidade de intervir num projeto ou ação e que têm poder de decisão: **ZIMMERMAN** em 2000 e 2004, **PINSON G.** em 2005, 2006 e 2009, Sabine **COURCIER em** 2002, **HUBERT** et all em 2014 e **MARTOUZET** em 2018. Todos eles afirmam que as decisões políticas, o envolvimento das partes interessadas e a sua disponibilidade para responder aos perigos e resolver os obstáculos são a pedra angular do projeto urbano. Outra abordagem incorpora a temporalidade, transcrevendo o projeto urbano na sua totalidade, e baseamo-nos nos trabalhos de **ARAB** em 2004, **GROSBELLET** em 2016 e **JOLIVET em** 2018.

Em todo o caso, o projeto urbano passou a moldar a cidade através de grandes projectos urbanos, convocando os actores envolvidos em função das políticas e regulamentações urbanas em vigor e da sua aplicação prática. Quer na prática, quer no ensino, o projeto urbano é uma poderosa alavanca de ação pública, reunindo em torno dos seus objectivos os cidadãos, os eleitos locais, os investidores, os banqueiros e os utentes. Os actores implicados na ação são importantes pela vontade política de empreender e de prosseguir o trabalho apesar dos obstáculos encontrados. De acordo com **PINSON** e **VION** (2000), o projeto urbano é visto como um instrumento de reposicionamento internacional da cidade, uma vontade de unir os actores urbanos num contexto de concorrência urbana internacional. Os grandes projectos de urbanismo, alguns dos quais serão abordados no curso seguinte, mostram que as políticas urbanas são, acima de tudo, decisões tomadas por actores responsáveis e dispostos a isso.

V. LIÇÃO N°V/// PROJECTO URBANO// ACTORES POLÍTICOS E GRANDES PROJECTOS DE PLANEAMENTO URBANO

INTRODUÇÃO

V. O PROJECTO URBANO E A SUA APLICAÇÃO NAS CIDADES EUROPEIAS

V.1.PROJECTO URBANO PIONEIRO/EFEITO ESTRUTURANTE

V .1.1. BILBAU NO CENTRO DA RECONVERSÃO

V .1.2.O CENTRO DA ESTAÇÃO DE TGV DE REIMS (FRANÇA)// QUANDO OS INTERVENIENTES ADOPTAM UMA POLÍTICA PRÓ-ACTIVA

V .1.3. A CIDADE DE LYON: LUZES DE DEZEMBRO/PLANO DE POLÍTICA PERENE.

V.2. LIÇÕES APRENDIDAS COM PROJECTOS URBANOS EM TODO O MUNDO

V .2.1. O EXEMPLO ITALIANO/ESTRATÉGIA MISTA

V .2.2. - PLANO DE BOLONHA, GIUSEPPE CAMPOS VENUTI

V .2.3. A CIDADE DE NÁPOLES E A ESTRATÉGIA URBACT - UMA MISTURA DE REFLEXÃO E GESTÃO

V.3. PROJECTO URBANO, SOLIDARIEDADE TERRITORIAL E IMAGEM DESEJADA DA CIDADE

CONCLUSÃO

INTRODUÇÃO

Todos sabemos que o planeamento urbano é, antes de mais, um ato político e que depende, em grande medida, da vontade dos responsáveis de uma determinada localidade. É uma oportunidade para os eleitos locais brilharem, especialmente na Europa. Várias operações foram planeadas e mudaram a imagem das cidades renovadas. Este curso centra-se num conjunto de projectos de planeamento urbano, com os seus objectivos e desafios, demonstrando as ambições dos actores políticos envolvidos. Os exemplos pioneiros franceses e italianos de planeamento urbano são destacados através de uma série de cidades emblemáticas. O exemplo de Barcelona 22@, EURALILLE e alguns outros projectos serão abordados pelos alunos na segunda secção (sub-secção sobre exemplos estrangeiros).

V. O PROJECTO URBANO E A SUA APLICAÇÃO PRÁTICA NAS CIDADES EUROPEIAS

O ritmo dos prazos políticos (eleições) leva os actores políticos responsáveis pelo destino das cidades ou das regiões (presidentes de câmara, prefeitos...) a pôr em prática os seus próprios projectos, sem necessariamente se darem ao trabalho de os construir ou de analisar o mérito do seu impacto. É porque sabemos que o projeto urbano é visto como uma forma de revitalizar a cidade, atrair investidores e turistas, criar empregos e dar à cidade uma nova imagem e uma melhor posição na lista de cidades, que os actores políticos tentam a todo o custo colocar os seus projectos na ordem do dia.

Não há praticamente nenhuma cidade que não tenha o seu próprio projeto, especialmente se tiver ambições e oportunidades:

-Terrenos baldios portuários, industriais ou militares (reabilitação urbana) ou, em qualquer caso, terrenos;

- um acontecimento, - nova centralidade, - ligação urbana entre dois pólos, renovação urbana...

Não faltam exemplos: projectos de infra-estruturas (LILLE, estação de TGV EURALILLE), eléctricos (Estrasburgo, Bordéus, Nantes), reabilitação urbana (Bolonha, Itália), bairros inovadores (BARCELONA (22@Barcelona), etc.).

Nas cidades de todo o mundo, foram realizados vários projectos para responder a objectivos específicos e complementares. As ambições são económicas, espaciais ou simbólicas. Têm objectivos claros desde o início, que foram explicados durante as consultas, apoiando as palavras e os desejos dos actores políticos. Na maioria dos casos, os resultados destes projectos foram decepcionantes ou mesmo melhores do que o esperado, conduzindo a impactos estruturantes que contrariam os objectivos previamente definidos. Cada projeto é uma lição de urbanismo. Alguns dos projectos de planeamento urbano são descritos em pormenor.

V.1.PROJECTO URBANO PIONEIRO/EFEITO ESTRUTURANTE

Cada um dos projectos de renovação, de reestruturação ou de modernização urbana realizados em bairros ou mesmo em cidades inteiras tinha, à partida, um objetivo claro: desencadear uma dinâmica económica, mudar a imagem da cidade, contrariar a expansão urbana, recuperar o centro da cidade ou reequilibrar a aglomeração, etc. Na maioria dos casos, estes projectos tiveram um impacto maior do que o esperado e, em alguns casos, foram decepcionantes, conduzindo a efeitos que contrariam os objectivos previamente definidos. O que significam estes efeitos?

Tal como o projeto urbano, este conceito é composto pelas palavras "efeito" e "estruturação". Tomadas individualmente, elas dão, segundo Le **PETIT LAROUSSE**(2019) :

-efeito: o resultado de uma ação, o que é produzido por algo. Isto remete-nos para a palavra **impacto**, que é definido como o efeito produzido por algo. Procurar os efeitos significa olhar para os impactos que a ação produziu.

-Estruturação: o que permite a estruturação, o que a favorece, o que a determina. Para estruturar algo, são necessários elementos de base que desempenham um papel determinante com todos os componentes de uma estrutura, um quadro.

Efeito estruturante: ter um impacto a longo prazo e provocar mudanças estruturais, favorecer uma organização coerente, estimular o dinamismo através de acções de grande envergadura, desfigurar o quadro inicial, acrescentando-lhe ou retirando-lhe elementos.

O efeito estruturante de um projeto urbano deve ser, de alguma forma, um indutor, um braço de alavanca e um catalisador capaz de transformar, reestruturar ou mesmo revitalizar o território.

O efeito estruturante de um projeto pode ser espacial (no caso de projectos de grande envergadura, que actuam sobre a estrutura inicial da cidade), económico (no caso de uma ação que estimula o mercado, cria empregos e atrai empresas e turistas), simbólico (no caso de uma ação emblemática, que reforça uma imagem já estabelecida e concentra a atenção num ponto específico) ou os três ao mesmo tempo (no caso de um projeto urbano de grande envergadura cujo objetivo é revitalizar, valorizar e transformar a estrutura espacial de uma cidade ou aglomeração).

O efeito estruturante foi explicado por especialistas dos transportes como **PLASSARD** e **BONNAFOUS** (1974) no estudo dos efeitos estruturantes da oferta de transportes. O objetivo era fazer da política de transportes um fator de desenvolvimento, *"utilizando um mecanismo de estruturação do espaço em que a oferta de transportes ultrapassa o papel de condição permissiva e se torna um estimulante entre outros" (*.bid. p.14*)*.

A oferta de transporte de um eixo de comunicação é considerada como um catalisador do desenvolvimento regional, um agente de impulso e um vetor de propagação. A teoria de Weber sobre o estabelecimento de "pólos de crescimento" ligados à oferta de transportes, criando efeitos externos através da lei da oferta e da procura, que incita as empresas a procurar a localização mais óptima para maximizar os seus lucros, foi estudada por Bonafous **e Plassard**, que salientam que, na prática, os efeitos produzidos não são necessariamente os esperados e que o impacto difere de um caso para outro. **OFFNER** (1993, 1995) questiona a existência de um efeito sistemático de uma oferta de transportes na dinâmica das cidades se esta não for acompanhada de uma dinâmica local que envolva a responsabilidade das colectividades locais de uma zona, bem como dos operadores económicos. Se não houver uma verdadeira estratégia de desenvolvimento para tirar partido da oferta de transportes (quer se trate de uma linha de elétrico ou de um metro), não só não será útil, como, pelo contrário, corre o risco de se tornar uma desvantagem ao amplificar a situação já existente. Claude **HARMELLE** (1982) explica que os meios de transporte, por si só, não movimentam fortemente a economia de uma região, mas estão ligados a centros de produção, e são estes centros de produção que exigem meios de transporte. Em suma, para ele, os meios de transporte são efeitos induzidos e não indutores.

V .1.1 BILBAU NO CORAÇÃO DA RECONVERSÃO

A principal razão pela qual escolhemos este exemplo é que este projeto urbano reúne **as qualidades de um projeto urbano** (complexo para o bairro de Abandoibarra e os edifícios, local para Bilbau, conurbado para a região e nacional para o País Basco); novas regulamentações, novos instrumentos, vontade política e planificação estratégica, participação dos cidadãos, flexibilidade, parceria público-privada, valorização da imagem da cidade; recomposição da identidade e do génio dos lugares, e com **efeitos estruturantes**:espaciais, económicos, simbólicos).

Um olhar sobre a geografia do País Basco espanhol (ou Euskadi) revela que se trata de uma das 17 regiões ou "Comunidades Autónomas" do Estado espanhol. Situado no norte de Espanha, nas encostas ocidentais dos Pirenéus e ao longo do golfo da Biscaia, este território conta com 2,1 milhões de habitantes distribuídos por três províncias: Biscaia, Álava e Guipúzcoa. A capital administrativa de Euskadi é Vitoria; a principal cidade é Bilbau (355 000 habitantes). O Museu Guggenheim é um dos elementos mais importantes do plano de reabilitação urbana de Bilbau, lançado em 1991, que deu à cidade a sua reputação. A convite do Governo Basco, a Fundação Solomon R. Guggenheim está a analisar a candidatura de Bilbau para acolher uma das instituições da sua rede mundial.

O projeto, considerado simultaneamente irrealista e irrazoável, foi fortemente criticado no País Basco. Era irrealista porque, na época, Bilbau era considerada uma cidade industrial pouco atractiva, em pleno declínio económico, sem atracções turísticas e desaconselhada pelos guias turísticos. A florescente indústria do minério de ferro, extraído dos montes da região e exportado para Inglaterra, estava em declínio devido à recessão económica. Confrontada com a concorrência de outras cidades europeias para atrair turistas e investidores criadores de emprego, não pode dar-se ao luxo de prosseguir a sua política. Isto não é razoável, porque o custo financeiro é considerado exorbitante numa altura em que o País Basco espanhol atravessa uma crise económica sem precedentes: em 1990, as fábricas fecham umas atrás das outras, o crescimento do PIB é nulo e a taxa de desemprego ronda os 20% (**MASBOUNGI**, 2002). Neste contexto, a escolha da cultura como meio de reconversão de Bilbau afigurava-se uma aposta infalível. Com as cicatrizes da crise económica dos anos 80, que devastou a indústria basca espanhola, Bilbau começou o seu renascimento no início dos anos 90. Em 1989, o País Basco espanhol lançou um vasto plano de revitalização com o objetivo de transformar Bilbau numa cidade de serviços avançados numa região industrial moderna e competitiva.

V .I.1.1. Estratégia de consenso: ultrapassar os conflitos

Graças à vontade política das autoridades locais, Bilbau quis revitalizar o seu desenvolvimento, valorizar a sua imagem e reconverter-se para os sectores terciário e do quarto de século, a fim de responder às exigências da época e de se atualizar. Em 1994, foi aprovado um plano de desenvolvimento. Denominado PUGB (Plan Urbain General de Bilbao), o seu objetivo era transformar completamente a cidade, especialmente os bairros antigos junto ao rio. Continha uma série de projectos de grande envergadura que, segundo a visão profética dos decisores da época, transformariam Bilbau numa Meca do turismo e do investimento. Graças a um projeto urbanístico coerente, a cidade passou, num curto espaço de tempo, de uma situação de desindustrialização e de extrema desertificação urbana para a de um farol de desenvolvimento urbano e de uma capital de renome mundial. Ao compreender os métodos utilizados neste projeto, podemos tirar lições para todos os projectos de renovação urbana. A estratégia coerente à escala de uma metrópole e de uma região foi fruto de uma **vontade política audaciosa** (consenso entre os diferentes actores com uma visão a longo prazo do projeto), de uma procura de **investimentos com garantias** (ajudas estatais, ajudas das autoridades bascas, contribuições **das colectividades locais, etc.) e** de um compromisso com o projeto, contribuições privadas), **as assinaturas de arquitectos de renome** (Gehry, Calatrava, Foster, Stern), **as oportunidades fundiárias** criadas pelas grandes infra-estruturas e um **fator humano** muito determinado (a população). Graças à conjugação destes factores, o projeto ganhou forma, levando o tempo previsto para assegurar a sua duração e continuidade, apesar de alguns contratempos durante a execução dos trabalhos. A gestão do projeto teve de ser feita com mão de ferro para obter consensos entre os diferentes parceiros (**CHADOIN** et al. 2000).

V .1.1.2. Conteúdo do projeto: instalações de grande dimensão e qualidade arquitetónica

Para além do Museu Guggenheim, o centro de atração, Bilbao tem um aeroporto, uma estação de metro, um centro de congressos, várias pontes, uma frente ribeirinha, um elétrico... Para cada uma destas instalações, a palavra de ordem foi a qualidade arquitetónica. Foram chamados a intervir personalidades internacionais como Frank O. Gehry, Santiago Calatrava, Norman Foster e outros. Stern.

Porque, para além do edifício muito publicitado de Frank Gehry, o projeto de regeneração urbana é uma metamorfose profunda que a capital basca iniciou. A aventura do Museu Guggenheim faz parte de um projeto urbano, económico e social, e a visita ao local e os debates que se seguiram permitiram avaliar os desafios em jogo. Antes de mais, a experiência mostra a notável viragem conseguida num território que estava em crise, mas que entrou na era pós-industrial e se tornou um centro de competitividade ligado ao software e à alta tecnologia.

Este projeto também apostou nos sectores terciário e quaternário (indústrias do lazer e da cultura) como grandes fontes de emprego. No entanto, para atrair estas indústrias, era necessário alterar o ambiente físico, que se encontrava em estado de degradação. Este projeto de regeneração baseia-se num eixo de desenvolvimento urbano que acompanha o rio. A reconversão dos baldios industriais e portuários permitiu dar às margens do rio novas actividades de lazer, comerciais, residenciais e culturais. Esta zona, conhecida como Abandoibarra ou "Bairro Internacional", é considerada uma zona estratégica para a cidade e é a montra da nova Bilbau. Baseado nos valores tradicionais das cidades europeias, o programa inclui uma mistura de actividades (escritórios, centros comerciais, habitação e hotéis), instituições como a Agência Europeia de Saúde, espaços públicos de qualidade e equipamentos de prestígio (o Museu Guggenheim e o Centro de Congressos). Ligado ao Palácio dos Congressos, o museu situa-se no cruzamento do rio, do parque e do centro da cidade. O edifício de Gehry, cujo objetivo declarado era mudar a imagem da cidade, faz parte de um projeto urbanístico mais vasto e complexo, que constitui a base de novos investimentos públicos e privados.

V .1.1.3. Efeitos de estruturação económica

Desde a inauguração do museu e a conclusão das infra-estruturas de transporte que acompanham esta reconversão, como o elétrico e o metro, os benefícios não se ficaram por Bilbau - a cidade - e estenderam-se ao País Basco. -O turismo aumentou 80% em Bilbau e 27% no País Basco (**ALVAS**, 1998). Desde a sua inauguração, em 1997, só o Museu Guggenheim recebeu 1,3 milhões de visitantes, graças à sua arquitetura "em forma de navio" de Frank O. Gehry e à qualidade e valor das obras expostas pela Fundação Guggenheim e pelo Museu de Nova Iorque. Em cinco anos (final de 2002, início de 2003), 5,5 milhões de visitantes passaram pelas portas do edifício, gerando um valor acrescentado de 750 milhões de euros. As receitas estão estimadas em 989,8 milhões de euros, ou seja, três vezes o investimento público de 154 milhões de euros. Este fluxo de visitantes necessita de quartos de hotel e de residências para os acolher. O museu gerou a construção de alojamentos (entre 1992 e 2002, o número de dormidas em Bilbau duplicou), criando mais de 4.500 postos de trabalho e 6.000 camas de hotel. Em 2003, o impacto económico do museu no PIB do País Basco espanhol foi estimado em 173 milhões de euros.

Para além do sucesso da implantação, o efeito catalisador sobre a economia e o turismo também esteve à altura dos seus objectivos. De facto, mais de 8.500 artigos, 60% dos quais publicados internacionalmente, foram escritos para exaltar, explicar e analisar este fenómeno de reconversão, com o objetivo de o tornar aplicável a cidades como Bilbau, que sofrem de falta de atratividade.

O Museu Guggenheim de Bilbau é uma história de sucesso económico, tendo-se estabelecido também como uma importante atração turística e centro cultural. O número de visitantes continua a ser elevado: em 2004, o museu recebeu cerca de 900.000 visitantes. Bilbau registou um número recorde de visitantes, ultrapassando pela primeira vez o da cidade costeira de San Sebastian, com um aumento de 20% em relação a 2003 (**HECHAM ZEHIOUA B.**, 2010).

V .1.1.4. Efeitos de estruturação espacial :

O êxito da política urbanística de Bilbau foi reconhecido e aclamado internacionalmente, de tal modo que o "efeito Bilbau" interessa a muitas cidades que procuram uma nova imagem. Os terrenos são propriedade de uma sociedade denominada Ria2000, cujos acionistas são os proprietários. A fórmula utilizada é a seguinte: estes proprietários vendem os terrenos para urbanização aos promotores e os fundos obtidos são automaticamente investidos no projeto de Bilbau, nomeadamente nas infra-estruturas de base e nos edifícios. As instalações emblemáticas do projeto levaram a um desenvolvimento sem restrições, afectando metade da cidade. A programação de uma função exige mudanças que, para serem eficazes, afectam uma parte da cidade, e esta parte, para responder às novas exigências, tem de se transformar e exigir um desenvolvimento diferente. O efeito "dominó" é a base da transformação. É porque se trata de projectos de grande envergadura que o efeito de estruturação espacial é importante, levando a uma metamorfose da imagem da cidade construída pelas infra-estruturas de transporte e pelos edifícios emblemáticos do projeto. Os efeitos de estruturação espacial foram de tal ordem que as grandes obras foram acompanhadas de medidas de melhoria do ambiente de vida, através da remoção de antigas fábricas e da sua substituição por zonas económicas modernas que respeitam as normas de segurança internacionais.

V .1.1.5. Efeitos de estruturação simbólica

Os artigos escritos sobre o projeto de Bilbau, a cobertura mediática eficaz assegurada pela empresa responsável pelo projeto, o Museu Guggenheim e o valor dos seus conteúdos, a eficácia das infra-estruturas de acompanhamento e a harmonia em que reinam os diferentes equipamentos do projeto foram factores de construção dos seus efeitos simbólicos. Em 2003, a Fundação Pfizer atribuiu a Bilbau o prémio de "cidade espanhola mais saudável". Em 2004, Bilbau foi galardoada com o prémio para o melhor projeto urbano do mundo, bem como com o Prémio Europeu de Urbanismo. Bilbau preside igualmente à Associação Internacional de Cidades e Portos. Por último, o Centro de Congressos foi galardoado com o prémio de "Melhor Centro de Congressos do Mundo 2003" pela Associação Internacional de Centros de Congressos.

A metamorfose de Bilbau ainda não terminou. A cidade continua a evoluir, apostando em particular na inovação e no conhecimento. Um plano intitulado "Estratégia 2010: Bilbau como cidade global" visa desenvolver iniciativas e actividades económicas de elevado valor acrescentado, continuando a promover um ambiente de vida harmonioso para as empresas e os residentes. Estes dois projectos tiveram, portanto, um impacto real e um efeito estruturante considerável. Tendo contribuído largamente para o sucesso da estratégia global de reabilitação, é inegável que o seu elevado valor arquitetónico desempenhou um papel importante. Hoje, porém, a construção de edifícios únicos atrai cada vez mais a atenção dos meios de comunicação social e gera imagens que, por sua vez, alimentam a imagem da cidade que os encomendou.

V .1.1.6. O efeito Bilbau na cidade de Bilbau

O efeito Bilbau é muito admirado e as cidades europeias procuram adaptá-lo aos seus próprios contextos. Mesmo na Argélia e em Constantine, a ideia de transformar o Bardo num centro de negócios futurista, com um museu e um centro de congressos, que o wali (prefeito) disse num programa de televisão nacional que "traria *arquitectos de renome mundial",* seria o efeito Bilbau. Só tem vantagens? Claro que não! Porque a leitura do que os críticos dizem hoje sobre o efeito Bilbau suscita uma reflexão. As armadilhas de um projeto podem estar latentes e só se tornarão visíveis quando o projeto estiver concluído. É muito instrutivo refletir um pouco sobre o que foi o efeito Bilbau na própria cidade. É verdade que o número de turistas na cidade aumentou significativamente e que foram criados postos de trabalho. No entanto, o objetivo prosseguido pelas autoridades locais ia inicialmente muito para além da esfera turística. O principal objetivo era atrair outros tipos de investimento, como as sedes de multinacionais e de empresas de serviços avançados. A construção de novos complexos de escritórios (também com uma arquitetura espetacular) foi planeada com este objetivo. No entanto, os efeitos de arrastamento esperados não se concretizaram, pelo que os escritórios são atualmente ocupados por administrações públicas bascas. Outro efeito da construção do Museu Guggenheim foi a explosão do valor e do preço dos imóveis em Bilbau, primeiro no centro da cidade e depois, por contágio, no resto da cidade. A habitação em Bilbau é atualmente mais cara do que em Madrid ou Barcelona. Além disso, a diferença de riqueza entre o centro de Bilbau e o resto da cidade aumentou consideravelmente. É preciso dizer que as autoridades locais obtêm grande parte do financiamento dos seus projectos emblemáticos, o Guggenheim e outros, através dos impostos sobre o valor dos imóveis e, por isso, têm todo o interesse em ver os preços disparar (tal como os especuladores privados, claro).

V.1.2. O CENTRO DA ESTAÇÃO DE TGV DE REIMS (FRANÇA)// QUANDO OS ACTORES ADOPTAM UMA POLÍTICA PROACTIVA.

Em consequência da globalização e da concorrência internacional, a atratividade de uma cidade depende do grau de ligação aos sistemas internacionais de transportes e de comunicação, gerando sinergias locais. Através destes "projectos urbanos diversificados", tais como estações multimodais, intercâmbios, aeroportos, portos, centros de congressos, museus... as cidades lançam-se na corrida através de um marketing urbano sofisticado. REIMS, uma cidade do Marne, na região de Champagne-Ardenne, para além da sua imagem de marca personificada pelo "champanhe", recebeu um projeto de renovação da sua antiga estação e de projeção do conceito de TGV (comboio de alta velocidade), graças à determinação do seu presidente da câmara e do conselho regional. Trata-se de uma plataforma multimodal que combina comboio, automóvel, transportes urbanos e periurbanos, bem como o elétrico. É um projeto de baixo para cima, que começa a nível local, passa para a aglomeração e depois para o nível nacional, utilizando este sistema de tráfego para projetar a marca Champagne na cena internacional. A estratégia de planeamento desenvolvida pelos actores políticos é muito flexível, o projeto é concertado e antecipa os impactos potenciais.

A requalificação das zonas industriais abandonadas locais permitiu lançar um projeto de grande envergadura que envolve os bairros vizinhos numa requalificação urbana que integra as intervenções repartidas por temas de "movimento, funções-práticas", e as escalas "micro, macro, global" estão interligadas e podem ser entendidas como os meios utilizados para atingir os objectivos desejados.

A parceria financeira foi constituída, as simulações foram apresentadas e os modelos antes e depois foram mostrados. O quadro seguinte mostra o impacto do projeto TGV REIMS.

Quadro 3. Abordagem matricial do projeto da estação de Reims

Questões temáticas	ESCALA		
	Microespaço *da estação*	Macro-bairro *da estação*	Glob ale/linear - *cidade - agglo*
Movimento	Organização interna da estação e gestão do acesso e das transferências modais	Estacionamento e deslocação na zona da estação	Nova estação do Trace du TGV Champanhe Circunvalação sul de o A4
	^ ^ <-Multimodal hub Coulee verte-TCSP^		
questão	Orientação dos passageiros	Acessibilidade do bairro	Nodalite de Reims
Funções e práticas	Gancho poste de estação oferta multimodal e de serviços	Escritórios, habitação, instalações e gestão do território	Outros espaços de desenvolvimento inter e intra-aglomerações
	^ ^ <Compras e serviços Actividades culturais e de lazer ^		
questão	Informação, cuidados	Desenvolvimento de Clairmarais-Centre-ville	Agregado de posicionamento competitivo
Forma urbana	A zona da estação e as percepções visuais	Incorporado no tecido circundante e apoio de espaços públicos	Sequência de chegada dos comboios
	<-Espaços públicos, morfo	ogy^ <-Landscape elements^	
Questão-alvo" (público-alvo)	Imagem de marca e identificação ^-	A influência da estação e a atratividade da zona <-	1ª visão da aglomeração: entrada da cidade

	viajantes, turistas^	Activos, residentes^	<-Investidores^
Impacto previsto	Forte mas ocasional	Importante e radiante	Relativo mas global

Fonte: nestes por **HECHAM ZEHIOUA BERNIA**, (2010)

Este quadro sintetiza as alterações que a estação poderá provocar na zona imediata, na aglomeração e a longo prazo. Nas três escalas de abordagem do projeto TGV, o impacto dirige-se a públicos diferentes:

A primeira "*zona*" ou anel de impacto, à escala da estação, destina-se aos utilizadores regulares dos transportes e aos turistas. O objetivo é dar uma resposta em termos de imagem e informação para identificação imediata, orientação, serviços e lojas de apoio às deslocações e transferências modais. O edifício da estação deve, pois, ser visto como um cartão de visita. Associada à identidade da cidade, a escolha do desenho arquitetónico deve contribuir para a construção da imagem reflectida junto dos utentes, de modo a que a gestão das "concentrações - dispersões" encontre uma tradução formal e estética num espaço limitado.

A segunda zona de impacto, ao nível da zona da estação, destina-se aos residentes e aos visitantes. Esta zona é constituída pelo centro antigo de Reims (conjunto de estilo Haussmann e tecido suburbano), por múltiplas funções urbanas e por diferentes escalas de tráfego (trânsito, serviço, residentes locais). Os impactos visados dizem respeito à atratividade da zona e da sua envolvente, através da prestação de serviços adequados aos utentes da estação. Isto reflecte-se no terreno através da oferta de habitação, equipamentos terciários e de proximidade, e actividades comerciais e culturais numa forma urbana que reflecte a época. A influência do bairro reflecte-se na sua acessibilidade, na qualidade dos seus elementos de ligação e de apoio, na continuidade dos seus espaços públicos e na hierarquização da sua rede viária.

- O terceiro domínio de impacto, à escala da aglomeração, dirige-se às empresas e aos agentes económicos. Se a aglomeração beneficiar de um equipamento desta dimensão, os investidores poderão interessar-se. A dinâmica económica é um desafio que tem em conta a qualidade da paisagem, a lógica de redes viáveis e fiáveis, a valorização das especificidades locais num posicionamento competitivo face a outras aglomerações com base em critérios normalizados de serviço, de equipamentos, de fiscalidade... tanto mais que, a dois passos de Reims, está prevista uma outra estação de TGV na aldeia de Bezannes, mas que teria um nível de tráfego diferente. De facto, as duas estações combinam-se para acolher todos os serviços, mas cada uma tem a sua própria linha.

As ambições definidas para o aglomerado urbano confrontam-se com uma realidade financeira ainda não assegurada e com o congelamento dos terrenos. A estratégia dos actores políticos consiste em levantar as reservas do cadastro e em encontrar financiamentos que permitam concretizar o projeto.

A evolução do papel e da participação das colectividades locais, que são chamadas a contribuir financeiramente para beneficiar da rede de alta velocidade, coloca a questão das obrigações mútuas dos actores do desenvolvimento regional. A aglomeração de Reims conseguiu incluir o projeto como prioridade no contrato de plano. O Estado aceitou apoiar o reordenamento urbano de um bairro para acolher actividades económicas e modos de transporte alternativos incompatíveis com a ocupação atual do solo.

- .1.3. A CIDADE DE LYON: LUZES DE DEZEMBRO/PLANO DE POLÍTICA PERMANENTE

O festival é um instrumento que dá sentido a uma ação, a um projeto público urbano. Cria uma parte da personalidade de uma cidade, ultrapassando o quadro dos bairros ou das celebrações modestas para se realizar à escala de territórios inteiros. Neste sentido, tem também uma dimensão urbana. Como é que a ação pública apoia, encoraja ou alimenta este fenómeno?

Várias cidades - Helsínquia, Montreal, Turim e Lyon - organizam todos os anos uma Festa da Luz. O festival de Lyon realiza-se em dezembro de cada ano e atrai um grande número de turistas (3 milhões em 2002, 3,5 milhões em 2007).

As iluminações são parte integrante da cidade de Lyon. Como é tradição, todos os anos, a 8 de dezembro, a cidade brilha com mil luzes. O projeto urbanístico "Cidade Luz" ganhou raízes no espírito das autoridades locais, que aproveitaram a oportunidade para valorizar a imagem da cidade e ancorar o nome. Assim, os edifícios públicos, os monumentos históricos, as pontes, os jardins públicos e as paisagens naturais da cidade estão equipados com lâmpadas e grinaldas que se iluminam à noite. Todos os anos, o tema da iluminação muda. Com a ajuda da tecnologia, os lioneses e os turistas poderão ler nas fachadas dos edifícios cenas e momentos da história francesa e mesmo mundial. O objetivo do plano de iluminação é mostrar a cidade a partir de um ângulo diferente, apoiar a ação dos políticos em termos de planeamento urbano, mostrar a experiência dos designers de iluminação e fornecer à cidade um plano de marketing único. Os efeitos são numerosos:

- O afluxo maciço de turistas, que precisam de ser alojados, alimentados e entretidos, é uma dádiva de Deus para o turismo e para a economia da cidade;
- a atração de investidores no plano de iluminação, que dinamiza o sector através da criação de empregos permanentes e temporários;
- O nome está registado na lista anual de cidades que determina o local a visitar em dezembro para assistir à Festa da Luz;

-Os efeitos da Festa das Luzes em Lyon são de natureza espacial, simbólica e económica. Os efeitos da Festa das Luzes em Lyon são de natureza espacial, simbólica e económica. Lyon impôs-se com este plano, que se inscreve numa série de projectos urbanos de efeito estruturante.

V.2. LIÇÕES APRENDIDAS COM PROJECTOS URBANOS EM TODO O MUNDO

Estes e outros exemplos mostram que uma estratégia pró-ativa aplicada pelos decisores pode ter um grande impacto na cidade.

- No caso de Bilbau, os escritos de admiração do projeto são eloquentes e a maioria conclui que a cidade e a sua imagem sofreram uma verdadeira metamorfose. Embora os efeitos tenham sido benéficos para o País Basco e para a imagem de Bilbau no mundo, a euforia dos primeiros anos está agora a evaporar-se para a própria cidade. Quem é que se pode gabar de ocupar um escritório na cidade renovada? A população de baixos rendimentos está a ser empurrada para o exterior pelo aumento do valor dos terrenos e dos imóveis. Se o projeto era um projeto urbano com um efeito de estruturação espacial à escala da cidade, o efeito de desestruturação social para os habitantes de Bilbau foi
- O projeto urbano de Reims é considerado como tendo um efeito de estruturação espacial muito significativo. A particularidade deste projeto é que beneficiou de um consenso de todos os actores envolvidos e as transformações realizadas são positivas. O projeto de Reims foi reforçado ao nível da aglomeração pela adição de uma estação de TGV em Bezannes, uma aldeia considerada como um "*caramanchão verde*" pelos habitantes. As autoridades locais alertaram os autores do projeto para a qualidade da paisagem original desta pequena comunidade no interior dos subúrbios de Reims. "*Não quisemos confundir rapidez com*

precipitação", declarou o presidente da câmara da aldeia. O resultado foi um aumento do valor dos terrenos e das propriedades. Mesmo assim, a classe média saiu do centro da cidade, como aconteceu com Bilbau.

- No caso de Lyon, o plano de iluminação constituiu um grande avanço. Apesar de se basear na tradição religiosa, a evolução aperfeiçoou a operação, que se enraizou na mente das pessoas e se tornou a imagem de marca de Lyon. Qualquer pessoa que mencione a palavra "luz" pensa automaticamente em Lyon. No fim de contas, era este o efeito que os gestores da cidade procuravam: aproveitar um acontecimento especial para pôr em marcha projectos de cidade. Assim, foram lançados programas de expansão, de reforço e de renovação da cidade, a fim de responder às multidões de turistas que se deslocam a Lyon todos os dias 8 de dezembro para terem o prazer de ver a cidade.

- .2.1. O EXEMPLO ITALIANO/ESTRATÉGIA MISTA

As teorias da transformação urbana servem de catalisador para analisar a relação entre o planeamento urbano e os projectos, dois termos que estão na origem de um conflito histórico que agora se atenua.

Para os urbanistas italianos, o planeamento urbano é a única forma de dominar a complexidade da cidade em mudança, sendo ele próprio um projeto de cidade. São destacadas as inovações de alguns urbanistas no domínio do planeamento dentro do quadro legislativo existente, porque deram um novo impulso à prática da reestruturação urbana, inserindo-se num quadro mais geral de planeamento estratégico.

Segundo **CAGNARDI**, o projeto urbano tem em conta a sobreposição de quatro camadas:

- ***A cidade a não construir***. Interromper o processo de crescimento da cidade significa redefinir um limite, dar-lhe uma identidade, diferenciar a cidade do território não urbano, revelar as diferenças, torná-las legíveis, minimizando o crescimento físico. Para além das questões ambientais, há também questões de identidade e de definição do fenómeno urbano.
- ***A cidade a salvaguardar***. Não apagar os vestígios do passado, reavivar edifícios e ambientes significativos, manter as diferenças, não permitir que uma época da cidade apague as outras, permitir que a modernidade redescubra princípios significativos e não repetitivos.
- ***A cidade a melhorar*:** É a parte mais extensa do organismo urbano. O objetivo é melhorar as zonas onde a intervenção ainda é possível e integrar os desenvolvimentos autónomos na forma da cidade. Uma visão histórica e unitária do espaço urbano é essencial para o projeto, tanto à escala geral do plano como a escalas mais específicas. A qualidade urbana implica a reprojecção do espaço urbano, a definição da nova cidade a construir e a modelação de novos espaços. Recuperar o solo através da reconversão significa aumentar a quantidade de solo disponível.
- ***Transformar a cidade*:** as zonas industriais abandonadas, as zonas ferroviárias, etc., oferecem terrenos que podem ser recuperados à escala urbana. O planeamento de áreas como as zonas de expansão é semelhante: o objetivo é transformar os locais para melhorar a cidade, adoptando princípios de planeamento inovadores.

Uma leitura sobreposta destes quatro níveis evidencia a riqueza e a complexidade do projeto da cidade.

O ***"piano regolatore"*** vai para além do quadro jurídico. Decompõe e recombina partes da cidade, reforçando outras, melhorando a qualidade da habitação. Recompõe a cidade dentro da cidade, orientando o reordenamento através de grandes serviços e novos parques, para a criação de um novo ambiente urbano, lugares de convergência para as periferias. A complexidade das respostas às insuficiências das práticas urbanas tradicionais deu lugar a abordagens mais sistemáticas e globais, tornando-se o próprio planeamento urbano o projeto de transformação. Neste sentido, o termo projeto urbano sugere novas lógicas capazes de orientar a mutação das configurações territoriais, referindo-se tanto a variáveis funcionais como físicas e de gestão, entendidas de forma conjunta e integrada. O projeto urbano é em si mesmo um método de trabalho. O seu objetivo? Desenvolver um instrumento capaz de governar o território como um todo. Ao assimilar as diferentes escalas e prazos de planificação, o projeto considera os resultados de um ponto de vista qualitativo e quantitativo. O projeto urbano deve também ser visto como *"leitura e estabelecimento da distância crítica que vem do contexto"*.

Segundo **CESARE MACCHI CASSIA**, a importância da forma física no projeto urbano pode ser determinada a três níveis diferentes:

- *o nível urbano*: a forma como instrumento de estruturação do conjunto de uma cidade;
- *o nível tipológico*: a forma como escolha relativa a partes da cidade, capaz de definir a sua morfologia;
- *o nível estilístico*: a forma como escolha de linguagem para a cidade

Um certo grau de rigidez na forma estrutural da cidade pode ser compatível com a flexibilidade dos procedimentos de planeamento. Garante uma diversidade de escolhas tipológicas e estilísticas para a construção de um espaço urbano visível. A qualidade ambiental da cidade exige uma coerência entre os três níveis formais, sem que a importância de factores mais pragmáticos, como a gestão, a implementação e a definição de funções, seja obscurecida.

"Os tempos lentos da transformação da urbs, com os tempos rápidos e descontínuos da civitas".

Os urbanistas prestam especial atenção às caraterísticas do espaço urbano e à sua forma física aquando da elaboração do plano. Os procedimentos utilizados darão às operações de transformação urbana o seu significado social e político. O confronto com a sociedade, graças às regras através das quais os diferentes factores sociais e económicos participam na elaboração e na execução do plano, é um argumento central da democracia que o plano não pode ignorar, limitando-se apenas à sua elaboração. O repensar da ideia de plano, a atenção crescente dada ao processo de planeamento e à gestão do plano, exprime a atitude do projeto urbanístico e arquitetónico face à cidade e à sua transformação. O carácter coercivo e perentório dos planos urbanos pode então desvanecer-se e surge uma maior capacidade de modificação, mostrando a importância crescente da variável tempo no processo histórico. O projeto oscila entre a conservação e a transformação, admitindo inúmeras declinações.

O conhecimento torna-se *"uma atividade interna do próprio projeto, orientando as suas escolhas em relação aos contextos em que serão realizadas. Restabelece a densidade da qualidade e das relações recíprocas entre as diferentes partes e os diferentes aspectos, evitando que o projeto se sobreponha traumaticamente a estratificações e significados. Deve ser conscientemente integrado na paisagem, com vista a uma modificação lenta, discreta e gradual que não impeça futuras interpretações dos vestígios sedimentados ao longo do tempo"*.

Para **VITTORIO SPIGAI**, o desenho urbano, a par dos objectivos sociais e políticos do planeamento, deve conferir à habitação a sua qualidade espacial e arquitetónica. ***A cidade como texto***: o objeto de estudo, a cidade, é o maior, mais geral e omnipresente texto que o homem já produziu no seu incessante trabalho intelectual e criativo;

- ***o projeto como investigação***: uma experiência de investigação aplicada capaz de verificar teorias sobre um caso concreto. Por outro lado, através da sua intensa relação com a realidade, o projeto torna-se uma oportunidade para gerar novos conhecimentos que farão avançar a investigação. - ***três princípios que determinam o sucesso urbano***: permanência, comunidade, conformidade. - o projeto deve harmonizar diferentes escalas urbanas ;

- deve haver uma diferenciação ou continuidade entre as cidades antigas e as novas, o centro e a periferia, as zonas construídas, as zonas adjacentes e as terras agrícolas;
- a análise urbana e, consequentemente, os critérios de controlo arquitetónico e morfológico da transformação.

A análise das caraterísticas visíveis da cidade e do território conduziu gradualmente a uma nova forma de planeamento urbano: os planos de terceira geração. Em Itália, as dinâmicas do projeto urbano foram fortemente integradas no planeamento urbano, nomeadamente em certas experiências que tiveram início nos anos oitenta. De facto, os actores políticos tomam decisões com a ajuda de peritos que trabalham sobre o conteúdo do projeto, discutindo o futuro da cidade. No entanto, é a vontade política que tem a primazia.

- .2.2. - PLANO DE BOLONHA, GIUSEPPE CAMPOS VENUTI

Foi em Bolonha que se experimentou mais o urbanismo reformista. Este movimento nasceu nos anos 60, no seio do movimento político de centro-esquerda, e propunha reformas urbanísticas. Nos planos de Bolonha de 1970 e 1976, este modelo afirmava a qualidade urbana das zonas residenciais em sectores em expansão, reduzindo a densidade e aumentando os serviços. O plano de 1980 integrou os novos desenvolvimentos (o fim da expansão, o processo de transformação, a necessidade crescente de mobilidade, a importância da forma urbana, o problema ecológico) e interpretou-os utilizando a "chave reformista", sem negar as realizações positivas das décadas anteriores. Uma equipa de urbanistas liderada por CAMPOS VENUTI foi escolhida para assumir as rédeas.

A inovação *"piano regolatore"*, apresentada em 1985, constituía uma alternativa à política clássica de expansão. Esta transformação assumiu a forma de dois tipos de intervenção: transformações intensivas, mais pesadas, numa parte restrita da cidade existente, e transformações extensivas, mais leves, destinadas a reabilitar os edifícios nas suas diversas formas e a melhorar o ambiente. O plano desenvolve três grandes orientações inovadoras: uma maior mistura de funções na periferia, a proposta de uma rede de transportes metropolitanos ligeiros, destinada a apoiar o processo de descentralização e de transformação, e a introdução orgânica do elemento ecológico, através da criação de três parques, com as suas funções ecológicas e morfológicas.

Em Bolonha, o novo enfoque sobre a forma física da cidade estabelece cinco sectores morfológicos "ligados por um desenho complexo que determina a sua correspondência em termos de morfologia urbana e territorial, infra-estruturas de mobilidade, vocação funcional e ambiental, linhas históricas de desenvolvimento económico e redefinição quantitativa e qualitativa de padrões". Os tecidos urbanos descritos em termos estruturais (funcionais, sociais, tipo de propriedade) e superestruturais (morfológicos) constituem um campo privilegiado para este estudo aprofundado.

No entanto, entre a elaboração e a aprovação do plano urbanístico em 1986, os conflitos entre a equipa técnica e o poder político levaram à modificação deste instrumento inovador. A componente morfológica foi eliminada do plano urbanístico e transformada num instrumento de coordenação posterior (desenho urbano concertado), relativo à elaboração de planos de ordenamento local para as zonas de transformação intersticiais.

Apesar deste inconveniente, o *"piano regolatore"* de 1986 é, no entanto, um instrumento inovador e excecional no panorama italiano, um sólido "plano reformista de transformação". Desta forma, os complexos programas urbanos constituíram uma oportunidade para lançar um novo modelo de planeamento, baseado numa lógica que parte do particular e se estende ao geral, onde se codifica uma visão de conjunto, um "projeto" de cidade. São interditas as operações com elevado potencial de transformação em contraste com os locais estagnados ou em declínio, em desequilíbrio com os objectivos gerais para o conjunto do território, procurando um equilíbrio entre o investimento em locais degradados e a inovação futura, para que a cidade seja capaz de aplicar uma estratégia urbana.

A experiência destes programas demonstrou a possibilidade de uma nova relação entre o planeamento, que, pela sua natureza, abrange todo o território, e o programa, que é limitado no tempo, determinado e dotado de fundos já disponíveis. Nas várias propostas de leis-quadro nacionais, existem dois níveis distintos de planeamento. O primeiro, de longo prazo, define as grandes invariantes do território e o segundo, coerente com o primeiro, é constituído por uma ou várias componentes de curto prazo. Estas definem os elementos operacionais do primeiro nível como instrumentos comuns de planeamento urbano.

V.2.3. A CIDADE DE NÁPOLES E A ESTRATÉGIA URBACT: UMA MISTURA DE REFLEXÃO E DE GESTÃO

A Europa iniciou políticas inovadoras de reabilitação urbana para as suas cidades e está empenhada em construir uma nova estratégia partilhada, baseada numa cultura comum e numa boa governação, que reúna **os actores das administrações locais**, as populações e os diferentes organismos técnicos. O grande desafio é aumentar a atratividade económica e a circulação de capitais. Esta política traduziu-se em importantes operações de recuperação e de desenvolvimento através da aplicação deste vasto programa às zonas urbanas degradadas, garantindo a viabilidade e introduzindo esta gestão de iniciativas no desenvolvimento sustentável. Desde 2002, o URBACT é o programa de cooperação territorial europeia que tem por objetivo promover o desenvolvimento urbano integrado e sustentável nas cidades dos Estados-Membros da União Europeia, da Noruega e da Suíça. É um instrumento da política de coesão, financiado pelo FEDER (Fundo Europeu de Desenvolvimento Regional) e pelos Estados-Membros, para o intercâmbio e a aprendizagem entre cidades, com o objetivo de desenvolver soluções para os grandes desafios urbanos. Através da criação de redes, as cidades europeias reforçam as suas competências e tiram partido das boas práticas, apoiando simultaneamente os decisores públicos e as pessoas que trabalham no terreno, incluindo os residentes locais, a desenvolver soluções sustentáveis que integrem as dimensões económica, social e ambiental do desenvolvimento urbano.

A estratégia **URBACT** faz parte de um vasto programa denominado **"Programa de Iniciativa Comunitária". O URBACT baseia-se na criação de uma rede de cidades europeias** e, em termos práticos, oferece um quadro de trabalho satisfatório que abrange vários temas, de acordo com as necessidades das cidades que aderiram à rede. O orçamento da União Europeia é cofinanciado a 50%, com uma proposta de assistência de peritos escolhidos pelas próprias cidades.

O estudo de exemplos e as visitas ao local foram necessários para estabelecer um modelo de negócio estruturado por parâmetros relevantes. Nomeadamente:

- **Os aspectos físicos e urbanísticos dos projectos**
- **Os aspectos socioeconómicos e ambientais da regeneração**
- **Procedimentos de governação e de execução.**

Estas três dimensões foram objeto da criação de uma **grelha específica** que agrupa uma variedade de situações e de cenários. Esta grelha destina-se a servir de guia para todos os projectos de reabilitação urbana, em função de objectivos prioritários como a exploração das diferentes análises intersectoriais, o conhecimento intrínseco do contexto e a identificação de práticas inovadoras a utilizar.

O trabalho suscitou apelos económicos, levando o conceito mais longe no sentido de utilizar esta regeneração urbana para o turismo, que se caracteriza por um crescimento constante e gera um volume de negócios estimado em milhares de milhões de euros ou de dólares. Antes da sua criação, existiam pequenos programas denominados URBAN. Algumas cidades juntaram-se a eles.

O URBACT está estruturado em torno de quatro objectivos principais.

1-- o desenvolvimento de um intercâmbio estruturado de boas práticas e experiências entre cidades através da criação de redes temáticas e grupos de trabalho ;

2-- capitalização e difusão das lições aprendidas com os programas URBAN ;

3. melhorar a capacidade de ação dos agentes envolvidos, assistidos pelos residentes numa abordagem participativa, e, por conseguinte, das cidades, nos diferentes domínios que caracterizam as políticas de reabilitação integrada.

Como modelo de negócio, o programa URBACT baseia-se em três indicadores:

- competitividade,

-crescimento económico

- criação de emprego e envolvimento da comunidade

Esta estratégia, definida em Lisboa e em Gotemburgo, inscreve-se nos objectivos do desenvolvimento sustentável e baseia-se na construção e na gestão de planos/projectos de desenvolvimento urbano que implicam as seguintes inovações

- o plano de ação local deve ser elaborado em função do tema definido (previamente);
- o grupo de apoio local deve ser associado às actividades da rede e, nomeadamente, à elaboração dos planos;
- maior sinergia entre os diferentes níveis verticais ;
- a participação das autoridades de gestão dos fundos estruturais (representadas pelas regiões, nomeadamente para a preparação do plano de ação local, cuja execução poderá ser financiada pelos fundos europeus.

Este programa abrange os seguintes domínios.

- ***Eixo prioritário 1 - Cidades, motores de crescimento e emprego***, com os seguintes subtemas: promover o espírito empresarial; melhorar a inovação e a economia do conhecimento; emprego e capital humano.
- ***Eixo Prioritário 2 - Cidades Atractivas e Coesas***, com os seguintes subtemas: desenvolvimento integrado de áreas urbanas em dificuldade ou susceptíveis de o serem; inclusão social; ambiente; governação e planeamento urbano. Em termos de conteúdo, objectivos e participação das partes interessadas, o URBACT pode ser comparado a um modelo de negócio.

URBACT e a cidade de NAPLES.

Cidade do sudoeste de Itália, a 230 km da capital Roma, cidade costeira na margem norte do Mar Mediterrâneo, sempre foi uma importante encruzilhada, proporcionando uma rede de ligações entre várias regiões e países. Foi um centro político, económico e social, com uma grande população e numerosas indústrias, o que lhe valeu um lugar entre as dez maiores cidades de Itália.

A certa altura, o seu desenvolvimento foi interrompido. Os problemas sociais, com uma taxa

de desemprego que se aproxima dos 25% da população ativa. Os grupos ocultistas que dominavam a cidade mancharam a sua imagem.
É certo que houve projectos de desenvolvimento, como a criação de bairros comerciais, a classificação do centro histórico da cidade pela UNESCO, obras de modernização das infra-estruturas, etc., mas a ausência de uma política clara baseada na boa governação deixou Nápoles como uma cidade vítima de transacções duvidosas.
No interesse de uma cultura comum, a União Europeia escolheu NÁPOLES como cidade pioneira para a introdução de novas iniciativas, em que era necessário criar um plano de ação ou um modelo empresarial.
Foram fixados vários objectivos: por um lado, restaurar a imagem de Nápoles no exterior, que tinha sido muito perdida e mal vista, afugentando turistas e investidores, e, por outro lado, restabelecer a "normalidade", atribuindo ao conselho municipal e às autoridades locais um papel central na gestão da mudança urbana (**MOLLURA**, 2011).
A cidade de Nápoles, com o objetivo de melhorar a interface cidade/porto, recorreu a peritos para conceber um modelo empresarial adequado às suas preocupações. Estes peritos universitários e profissionais percorreram as cidades europeias para encontrar um equilíbrio entre o conhecimento científico e a gestão das relações entre parceiros. Este programa diz respeito às cidades que beneficiaram dos programas URBAN I, às cidades com mais de 20 000 habitantes e às cidades dos países abrangidos pela política europeia de vizinhança que acabaram por ter acesso à informação. O objetivo global é favorecer as comparações entre as diferentes culturas e reforçar assim a cultura comum. O programa URBACT mobilizou 20 redes temáticas, 8 grupos de trabalho, 3 grupos de estudo e outras iniciativas destinadas principalmente a ajudar os novos Estados-Membros ("Knowledge Transfer Kit", "Support for Cities") e a testar o novo programa URBACT II (dois projectos-piloto "Fast Track Network").
Foram escolhidos seis temas por serem de grande interesse para as cidades: actividades económicas (PME, inovação, etc.) e integração profissional; abordagem integrada e regeneração urbana; participação dos residentes; população de origem estrangeira; segurança urbana; jovens: da exclusão à integração.
Foram nomeados vários conceitos.
- **PARTECIPANDO** (A participação dos cidadãos em programas integrados de regeneração urbana como chave para a coesão social). Uma explicação do conceito pode ser encontrada aqui * O projeto URBACT PARTECIPANDO é uma rede de 22 cidades de 7 países europeus diferentes, liderada pelo Município de Roma. O seu objetivo é capitalizar e divulgar experiências baseadas na participação dos cidadãos nas políticas e práticas de regeneração urbana. A abordagem do projeto Partecipando baseia-se em inquéritos locais e workshops temáticos para produzir ferramentas válidas para sensibilizar os cidadãos para as questões urbanas. O objetivo da rede Partecipando é concentrar-se em experiências concretas implementadas para melhorar a gestão de futuras políticas urbanas integradas. A rede tem por objetivo :
- criar políticas democráticas locais mais alargadas ;
- desenvolver uma visão estratégica do desenvolvimento local orientada para a sustentabilidade ambiental, social, económica e política ;
- melhorar as redes sociais, a solidariedade e a justiça, e reconhecer o valor do património cultural e natural.

Os cidadãos podem desempenhar um papel estratégico no reforço do desenvolvimento territorial sustentável das suas cidades. Nos últimos anos, as cidades europeias (nomeadamente as que se situam em zonas desfavorecidas) sofreram uma crise de reforço das capacidades e da participação dos cidadãos. Neste contexto, o processo de tomada de decisão deparou-se com uma série de problemas. A abordagem metodológica adoptada pela rede URBACT Partecipando para melhorar a qualidade das experiências de gestão urbana baseia-se no princípio de que a participação dos cidadãos é um processo complexo cuja realização está intimamente ligada a factores sociais (https://ec.europa.eu).

- **CULTURA** (Actividades culturais e indústrias criativas como chave para a regeneração urbana)
- **C.H.O.R.U.S.** (Regeneração dos centros urbanos através da valorização do património cultural)
- **REGENERANDO** (Atividade económica e inserção profissional)
- **BOAS PRÁTICAS E GOVERNANÇA** (a participação dos municípios é um elo forte).

As redes temáticas e os grupos de trabalho são os instrumentos de intercâmbio de experiências e de aprendizagem.

A outra novidade é a iniciativa da Comissão Europeia de selecionar determinados projectos *com o rótulo Fast Track* para o acompanhamento direto de todas as actividades da rede.

Todas as cidades dos Estados-Membros podem ser parceiras do programa, tal como as regiões, os Estados-Membros, as universidades e os centros de investigação activos no domínio do desenvolvimento urbano sustentável. Outras cidades podem participar a expensas próprias.

O município de Nápoles tornou-se parceiro do programa através de dois projectos aprovados:

- como líder da rede temática **CTUR** (*Cruise Traffic & Urban Regeneration of City - Port Heritage as a key for the sustainableeconomic, social and urbanandevelopment / Tourisme de Croisiere et Regeneration urbaine du patrimoine portuaire urbaine en tant que moteurs du développement economique et social*). O projeto estuda as interações entre o tráfego turístico de cruzeiros e a regeneração do património urbano e portuário como uma oportunidade para o desenvolvimento económico, social e urbano sustentável das cidades. Para além de Nápoles, as outras cidades que participam nesta rede temática são : Varna (Bulgária), Alicante (Espanha), Rodes (Grécia), Matosinhos (Portugal), Rostock (Alemanha), Helsínquia (Finlândia), Dublin (Irlanda), Trieste, as autoridades portuárias de Nápoles e Matosinhos-Porto (Portugal) e a Comunidade Valenciana (Espanha);
- como parceiro da rede temática **HerO** *(Património como Oportunidade - Gestão Sustentável - Estratégias para Paisagens Urbanas Históricas Vitais*). Para além de Nápoles, os parceiros do projeto incluem a cidade líder de Regensburg (Alemanha), as cidades de Graz (Áustria), Vilnius (Lituânia), Sighisoara (Roménia), Valletta (Malta), Lublin (Polónia), Poitiers (França) e Liverpool (Inglaterra). O objetivo do projeto é desenvolver sistemas de gestão integrada para os centros históricos urbanos e divulgar boas práticas inovadoras, com vista a encontrar o equilíbrio certo entre a conservação do património histórico urbano e o desenvolvimento sustentável, a fim de aumentar a atratividade e a vitalidade das zonas em causa e promover o progresso socioeconómico da população residente. O projeto foi distinguido com o selo Fast Track.

Podemos dizer que o URBACT II representa uma grande oportunidade para :

- divulgação efectiva dos resultados a nível local
- uma melhor comunicação entre a Região, o Estado e a União Europeia sobre as actividades desenvolvidas pelas cidades no âmbito do Programa, a fim de melhorar a utilização dos Fundos Estruturais destinados aos projectos comuns durante a fase de proposta;

a construção, em termos de recursos humanos, de uma rede estável de diálogo entre a Comissão Europeia e as autarquias: fornecer informações actualizadas e diretas "da base para o topo" sobre o estado das cidades europeias e ajudar as administrações locais a transformarem-se em termos de governação;

- Promover o diálogo entre a Comissão Europeia e os políticos locais;
- finalizar o intercâmbio de conhecimentos e boas práticas através da implementação concreta de planos de ação/projectos locais;

O URBACT II favoreceu a introdução de boas práticas de governação e a difusão de uma certa cultura europeia das políticas de desenvolvimento urbano integrado, partilhada por um número crescente de actores institucionais, o que deverá aumentar a eficácia dos projectos.

- Do ponto de vista político, a Câmara Municipal, adoptando o modelo de organização do Programa URBAN, decidiu que, para os projectos URBACT, será delegado um assessor, de acordo com o tema específico de cada rede, para a coordenação intersectorial das actividades. Esta coordenação intersectorial da responsabilidade política reflecte-se na organização intersectorial da ação técnica e científica através da Unidade Inter-Direcional URBACT.

-Além disso, as actividades a nível internacional (workshops) permitiram aos diferentes representantes da administração que participaram como responsáveis de projectos de estudo capitalizar as experiências de toda a rede.

-Tudo isto está em plena consonância com a intenção da Comissão de, através do URBACT, ter um impacto nas administrações europeias com o objetivo de melhorar a capacidade de ação das cidades em políticas integradas de regeneração urbana. O URBACT revela-se, assim, uma via importante para a formação de gestores públicos, contribuindo para o reforço de uma identidade europeia a partir de baixo.

Os programas URBAN e URBACT foram objeto de comparações entre cidades, tornando-se um património comum na linguagem dos administradores locais: *abordagem integrada, transversalidade, trabalho de projeto, governança, parceria, consulta real dos residentes, lógica ascendente, ancoragem no território, participação dos residentes, capitalização e divulgação dos resultados, ex ante, in itinere, ex post;* mas também em relação a palavras-chave que aproximam as administrações locais da Europa, tais como: *Comissão Europeia, gestão dos fundos europeus.*

Quadro 4: URBACT FORA DE NÁPOLES (Itália)

Parceiros res-chave	**Principais actividades**	**A proposta de valor (valor acrescentado/oferta) é co-financiada a 50% pela UE.**	**objectivos do cliente/tomador de decisões**	**Segmentos de clientes/**
-	Regeneração	-Programa introdutório	-inserção	-população
L'Union	reabilitação urbana	Comunidade URBACT	profissional *-	jovens
Europa	urbano	I e II contendo sub	abordagem integrada	participação
nne	-Atratividade das cidades	planos como URBAN	-capitalização de	cidadão
-O	Europeu	1&2	experiências	**PARCEIRO**
cidades	-desenvolvimento de centros históricos	-Aspectos socioeconómicos e	de todo o rede europeia	**DO***: chave para coesão social
nes	desenvolvimento urbano e	ambiental	-impacto positivo sobre	-C.H.O.R.U.S

-o regiões lesmunico ipalitos. Todos cidades Estados membros de Programa	boas práticas -melhoria capacidade entre diretores --criação de 20 redes temas -8 grupos de trabalho - 3 grupos de estudo -atividade económica PME/Inovação. -o plano	regeneração -Governação e procedimentos de execução/ GRELHA ESPECÍFICA OU GUIA DE REGENERAÇÃO em Desenvolvimento Duradouro. OBJECTIVO //competitividade, crescimento económico	a administração no políticas atualização urbano - constituição de REDES : Cidade/Região/ Estado/União Europeus...	(regeneração de centros urbanos a Através do avaliação cultural) -BOM PRÁTICAS/GO UVERNÂNCIA (participação concreto de
Para além das universidades e dos centros de investigação, é também um quadro para o desenvolvimento urbano sustentável.	grupo de ação local* - grupo de apoio local - sinergia entre os diferentes níveis verticais - participação das autoridades de gestão dos fundos estruturais. Eixo 1 - ***Cidades, motores de crescimento e*** emprego ***Eixo 2 - Cidades atractivas e coesas*** A iniciativa da Comissão Europeia e a seleção de certos projectos *com o rótulo Fast Track,*	emprego . -Transcrição de uma estratégia de regeneração urbana -impacto nas populações das cidades europeias dos países vizinhos com políticas semelhantes	formação para gestores - cultura comum - vocabulário e conceitos semelhantes	municípios e regiões) - ECHELLES ASCENDANTES ET DESCENDANT ES /penser global/agir local

Fonte: autor, 2023

V.3.PROJECTO URBANO, SOLIDARIEDADE TERRITORIAL E IMAGEM DESEJADA DA CIDADE

O projeto urbano, quer se trate de um bairro, de uma aglomeração ou de uma região urbana, é sempre uma construção colectiva que depende do sistema de actores que o produziram e dos valores que partilham. Para que a imagem não seja "borrada" no exterior, ela deve exprimir a coesão do território e "sublimar" os conflitos que podem surgir durante a projeção, a consulta ou a produção. A mobilização de todos os actores de um território em torno de um projeto de desenvolvimento comum é a condição prévia essencial para a construção da sua imagem. Envolvendo todos os actores-chave do território, ele encarnará a solidariedade que une, em torno das colectividades locais, os habitantes, as empresas e os criadores do território (negociação, concertação e democracia local). A cidade sustentável evoca uma modernidade onde o desenvolvimento económico não se faz em detrimento do ambiente de vida ou do equilíbrio social e onde a governança local permite a construção de projectos partilhados que respeitam estes imperativos. A apropriação política do projeto varia em função da natureza e da dimensão do projeto: projectos de bairro, projectos de cidade, projectos de aglomeração, projectos de pavimentos.... Cada processo de construção de projectos tem as suas regras, os seus procedimentos e as suas formas de atuação. Todos eles são essenciais para mudar de forma significativa a imagem de um território. As formas de produção e de validação do projeto requerem uma "governança do projeto" que reúna os habitantes, as associações, os agentes económicos e os poderes públicos em fóruns de diálogo e de mobilização, onde se

possam obter os consensos necessários.
O projeto urbano é uma resposta às limitações do planeamento tradicional num contexto que mudou tanto em termos de época como de instrumentos. O contexto atual do planeamento é caracterizado pela regeneração urbana e pelas operações de revitalização da cidade. O conceito de projeto urbano reflecte uma abordagem enraizada na realidade de um território e dos seus intervenientes, e procura integrar e articular diferentes dimensões, disciplinas e escalas de intervenção. Faz parte de um processo de planeamento aberto e flexível que pode adaptar-se a um ambiente em mudança. De facto, partes da cidade que não foram pensadas podem ser facilmente transformadas devido à flexibilidade do processo. O processo é caracterizado pela flexibilidade e adaptabilidade, com uma multiplicidade de actores envolvidos no processo de planeamento. Parece ser simultaneamente uma crítica e um substituto, um método e uma série de abordagens, tocando o transversal e o vertical. Em suma, como salienta **MASBOUNGI** (2002, p.31), *"é um desafio metodológico inventar os métodos e os instrumentos para passar da intenção à realização"*. Uma das grandes ambições do projeto urbano é dinamizar a cidade, desempenhar um papel estruturante. Os casos de Bilbau, Reims e Lyon foram escolhidos com este objetivo em mente. Estes projectos podem também conduzir a impactos negativos ocultos e que se manifestam a longo prazo. São os actores e a sua estratégia de projeto que são responsáveis pelos efeitos. A especificidade do nosso curso centra-se no duplo desafio do projeto urbano e do efeito estruturante, o efeito de valorização das oportunidades de uma cidade, que se situa no marketing urbano e que se esforça por diagnosticar o território, identificar os seus pontos fortes e fracos e dissecar as ameaças e as oportunidades ambientais que lhe são oferecidas ou que se lhe opõem. Seguem-se orientações estratégicas que conduzem a programas de ação sob a forma de planos de marketing. O marketing é um instrumento de promoção do desenvolvimento endógeno, que sensibiliza os habitantes para as oportunidades oferecidas pelo seu território e os incentiva a participarem no processo de desenvolvimento endógeno. Pode igualmente desenvolver uma imagem de marca específica em relação ao seu ambiente, a fim de reforçar o seu posicionamento competitivo e favorecer o desenvolvimento externo (afluxo de turistas e de investidores estrangeiros). O conceito de imagem de marca permite conhecer os factores que estão na base da imagem da região, as expectativas dos clientes e os critérios que estes utilizam para escolher os destinos. Este conceito mostra a importância de aprofundar os conteúdos numa perspetiva metodológica. Estas noções de projeto urbano e de efeitos estruturantes são compatíveis com a noção de imagem de marca, uma vez que testemunham a consulta e a opinião dos habitantes do território, o que pode favorecer a emergência de uma determinada dinâmica. Para que um projeto tenha um efeito estruturante no seu território, deve não só enquadrar-se num certo número de correspondências entre o contexto e as estratégias dos actores, mas também ser bem orientado e emanar de um diagnóstico desse território.

CONCLUSÃO

Nas cidades tradicionais, a pequena dimensão do território e a relativa simplicidade do processo de decisão fazem com que a imagem do território seja percepcionada da mesma forma. Já não é necessariamente este o caso nos espaços urbanos actuais, alargados, fragmentados e compartimentados. Os métodos de representação e os processos de decisão devem adaptar-se a esta nova situação. A realização de um projeto à escala da região urbana exige, portanto, uma "aliança" entre o aglomerado urbano e os municípios periurbanos circundantes. A criação de um conselho de desenvolvimento que reúna todas as forças motrizes de uma zona é muito importante para garantir o êxito de um projeto. Estas questões de "governança" não são acessórias, pois criam as condições para a apropriação colectiva do projeto e a projeção coerente da sua imagem no exterior. A outros níveis, a cooperação é essencial. As cidades nunca estão sozinhas no mundo; todas elas estão envolvidas em dinâmicas de dependência e de complementaridade com outras cidades. A cooperação entre cidades e o desenvolvimento dos respectivos activos, no âmbito das "redes de cidades", são muitas vezes a chave para a atratividade mútua. As alianças e o trabalho em rede são essenciais. As estratégias de cooperação entre regiões também não podem ignorar a dimensão Norte-Sul do seu sistema de relações. O círculo de relações está ligado à história, à sua população e, por conseguinte, à sua própria imagem. Será necessário um apoio político adequado para garantir que as formas de cooperação propostas sejam implementadas com êxito e aceites pelos seus habitantes. É assim que o projeto urbano poderá ter êxito. Uma economia terciária, centrada nos serviços, na informação, no bairro, no software, etc., desenvolveu-se com a ascensão da cultura, do lazer, do turismo urbano, etc. Estas transformações socioeconómicas do sistema produtivo têm um impacto sobre a cidade, modificando o espaço e o uso, as escalas e os territórios, empurrando a introdução para uma nova era urbana pós-industrial e uma nova revolução urbana. Este é o conteúdo do curso VI.

V I. CURSO VI/// PROJECTO URBANO// URBANISMO CONCOMITANTE OU TRANSACCIONAL

INTRODUÇÃO

V I. RUMO A UM PLANEAMENTO URBANO TRANSACCIONAL

V I.1. RECORDAR AS PRÁTICAS DO PASSADO

V I.2. O SURGIMENTO E O DESENVOLVIMENTO DO DEBATE PÚBLICO

V I.3. PLANEAMENTO TRANSACCIONAL// OBJECTIVOS E NOMES

VI.3.1. DESIGNAÇÕES QUE ACOMPANHAM ESTAS ACÇÕES

VI.3.2. A CONCLUSÃO DA VIA INTERMÉDIA OU DA TERCEIRA VIA

INTRODUÇÃO

Vários urbanistas colocaram a si próprios a seguinte questão: para onde vai o urbanismo? Como está a evoluir a sua prática? Que impacto tem a sociedade pós-industrial na cidade? Na sua forma? No seu modo de produção? Que novas soluções foram concebidas? Que discurso urbanístico inovador foi produzido? Qual é o valor da noção de projeto urbano? O projeto urbano não se tornou como o sal de cozinha, utilizado de todas as formas?

Com as mudanças socioeconómicas e tecnológicas dos últimos anos, a aceleração da mobilidade, a explosão das NTIC, a acentuação das desigualdades, o processo de metropolização ligado à globalização...., a cidade da era industrial foi ultrapassada não só na sua forma, mas também no seu funcionamento, e os instrumentos de planeamento tornaram-se obsoletos e definitivamente ultrapassados.

A economia urbana já não é apenas o capital físico e material, o património já não se limita aos edifícios históricos (monumentos, tecidos antigos...), o património humano (educação, saúde, cultura) científico (conhecimento, saber-fazer, estrutura universitária, centro de investigação) ambiental (clima, natureza, paisagem), todas as infra-estruturas, equipamentos e serviços específicos acumulados por uma cidade ao longo da história, constituindo o seu potencial produtivo. O sistema económico pós-industrial torna-se então o contentor no qual a área metropolitana se insere numa osmose controlável. Surgiram novos conceitos sob os nomes de "renovação urbana", "cidade sustentável" e "GPV" num quadro de política de cidade em que o discurso do planeamento urbano apoia a tendência. Os conceitos de tecnotopia, tecnolatria (salvação através da tecnologia), hipermodernidade (espaço urbano controlado pelo técnico dominante), pós-modernismo, ecologismo (regresso ao naturalismo questionando a expansão desumana de metrópoles destruidoras do ambiente que ameaçam o ecossistema). Perante tudo isto, o projeto urbano aparece como a solução, onde os actores se comprometem com ele através da irrupção do debate e da consulta públicos.

- **I. RUMO A UM PLANEAMENTO URBANO TRANSACCIONAL**
- **I.1. RECORDAR AS PRÁTICAS DO PASSADO**

Desde 1982, com o advento da descentralização e da Europa, o planeamento urbano deixou de ser um monopólio do Estado. As competências são procuradas a nível local, o que dá origem a uma multiplicidade de actores (eleitos, promotores, gestores de projectos, peritos financeiros, habitantes locais, etc.) e cria novas profissões (profissionais do urbanismo) com uma interação complexa entre parceiros.

O modelo de gestão foi substituído por uma nova forma de organização interactiva baseada em 4 funções principais:

- **definição estratégica**: reunir a política urbana seguida, as orientações precisas e estratégicas, o projeto de cidade enquanto tal, envolvendo representantes eleitos, peritos, urbanistas e cidadãos.
- **Apoio político**: responsabilidade financeira, responsabilidade a longo prazo por parte das instituições, continuidade no tempo, avaliação periódica (representantes eleitos, instituições, proprietário do projeto);
- **Gestão técnica**: gestão e coordenação do projeto por um comité de direção que actua como um maestro de orquestra, gerindo a passagem do projeto para o terreno, verificando a coerência global e garantindo a viabilidade económica, reunindo promotores, urbanistas e parceiros privados e públicos,
- **- A função de implementação**: a operação final para tornar os objectivos reais uma realidade no terreno, envolvendo operadores, promotores, promotores e arquitectos.

Estas quatro funções, com os seus intervenientes específicos, tornam-se a espinha dorsal do PROJECTO URBANO, uma vez que antes era a função linear: a montante e a jusante, e desde então é, em última análise, a interação (feedback) destes elementos que determina a qualidade do projeto.

VI.2. A EMERGÊNCIA E O DESENVOLVIMENTO DO DEBATE PÚBLICO

Noutros lugares, tanto a nível nacional como local, os projectos de desenvolvimento tornam-se uma questão social. O debate público é introduzido (democracia local, governação, representação, participação dos cidadãos na produção do espaço) e passa a fazer parte do jargão do projeto urbano. A questão é social e é o utilizador que tem de suportar o impacto, pelo que se torna um ator no processo de decisão. Os conceitos de fórum híbrido, conferência de cidadãos e consulta estão a tornar-se o leitmotiv das iniciativas de planeamento urbano.

Os investigadores especializados neste domínio referem-se à "síndrome NIMBY" (not in my back yard), porque a representação pública é monopolizada por notáveis que defendem os seus próprios interesses e já não é o cidadão comum que fala). Apesar deste lobbying, a decisão e a co-decisão têm primazia.

No entanto, estas mudanças nos mecanismos de tomada de decisão estão a transformar velhas práticas e, no seu conjunto, estão a ter um efeito positivo, com a abertura de projectos que antes eram opacos, mas com o debate público, os cidadãos estão a ser informados das transformações que estão para chegar ao seu território. Graças a esta abertura, o futuro do planeamento urbano e da sua prática foi afetado.

VI.3. PLANEAMENTO URBANÍSTICO TRANSACCIONAL// OBJECTIVOS E DESIGNAÇÕES

As mudanças ocorridas baseiam-se numa nova cultura de projeto (um projeto dividido em pequenos projectos locais, interligados, que devem ser coordenados, etc.), numa multiplicidade de actores (confronto de ideias opostas, objectivos distintos, uma forma que deve ser arbitrada) e num debate público sobre os desenvolvimentos propostos, envolvendo os cidadãos (residentes e utilizadores) na visão e na preocupação com o futuro do território.

Estas novas condições de produção estão a dar origem a uma nova prática conhecida como **planeamento urbano transacional**. O seu objetivo é: -organizar as trocas entre os actores ;

-coordenar acções a diferentes níveis e entre diferentes intervenientes ;

-procura de compromissos práticos entre posições e visões opostas através da negociação;

-arbitrar em situações de conflito ;

-debate com os cidadãos utilizadores.

Estas tarefas principais ou transaccionais são executadas de duas formas:

-polémicas: lutas de poder entre os intervenientes, acções judiciais, manifestações, ocupação de instalações.

- Contratual: privilegiar as negociações pré-estabelecidas, os comités de sábios, os conselhos, as comissões, o diálogo através do debate...

VI .3.1. OS NOMES QUE ACOMPANHAM ESTAS ACÇÕES

a) Este tipo de urbanismo é também designado por "**urbanismo concorrente**", defendido por vários teóricos como **F. ASHER** em resposta às questões levantadas pela produção colectiva do espaço ou pela coprodução de projectos. Trata-se, de facto, de "uma forma de urbanismo baseada na negociação como parte do problema da governação". A sua caraterística distintiva é que actua tanto horizontal como verticalmente.

Horizontalmente: co-conceção, co-decisão entre actores e parceiros privados e públicos;

-Verticalmente: intervenção dos actores em níveis sucessivos do global ao local "pensar globalmente, agir localmente".

b)*Este planeamento urbano é chamado **processual** porque utiliza regras de direito. Em cada país, é preciso ver as estratégias que foram adoptadas e debatidas nas instituições parlamentares. Em França, por exemplo, existem as leis DEFFERE sobre a descentralização, a lei CHEVENEMENT sobre a cooperação intercomunitária, a lei VOYNET sobre os países e a lei SRU sobre a diversidade e a participação (Solidarite et Renouvellement Urbain).

c)*Este planeamento urbano **é de gestão**, porque a cidade é considerada uma empresa, sendo o principal responsável o gestor, cujos critérios dominantes são, naturalmente, o lucro fiscal e as mais-valias imobiliárias.

d)*Este planeamento urbano é **transacional** e pressupõe, à partida, um pluralismo de representações urbanas ligadas aos diferentes actores e às suas concepções de "boa cidade", com base nas quais se constroem compromissos e sínteses através da negociação.

VII 3.2. A VIA INTERMÉDIA OU A TERCEIRA VIA

Os teóricos de hoje procuram uma terceira via entre o urbanismo funcionalista do período anterior, o movimento moderno com os seus modelos formais (CIAM, cidades-jardim, etc.) e o urbanismo de gestão do período atual, que pretende ser democrático mas mantém uma hierarquia no sistema de decisão.

Existe uma via intermédia entre os sonhos dos urbanistas, uma via que se situa na história do urbanismo e que questiona os seus objectivos políticos, como o espaço e os seus significados, a sociedade democrática e as suas contribuições para a disciplina, e a ligação essencial entre o

projeto social e o projeto espacial. Esta via intermédia é um desafio científico a que se deve responder combinando todas as ideias como "suportes teóricos" e as realizações já postas em prática no terreno como "práticas executadas".
A governação local é essencial, e a delegação de decisões nas autoridades locais pode, com a ajuda de todos (cidadãos, comunidades, associações, etc.), conduzir a um plano de gestão equilibrado e viável.
O diagrama (FIGURA 3.) resume as acções de cada jogador e a interação entre eles.

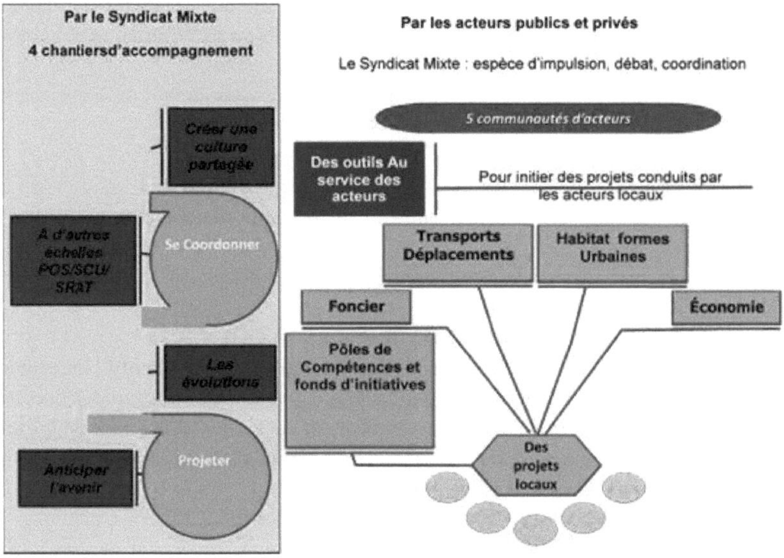

FIGURA 3. Actores e acções para projectos locais bem sucedidos (autor, 2023)

CONCLUSÃO

O planeamento urbano transacional é uma forma de abordar os problemas da cidade pós-industrial de hoje. Reúne todos os actores, com as suas prerrogativas, deveres e direitos. Deve fazer face à evolução das cidades, que passam abruptamente do sector terciário para o quarto de século, com os softwares e as NTIC. Cada um dos parceiros está vinculado por contratos morais que o obrigam a pôr em prática as ferramentas necessárias para o êxito de um projeto. Desde 1995, mais de uma centena de países de todo o mundo reúnem-se **todos os anos na COP** para discutir o clima e a **luta contra o aquecimento global**. Dada a complexidade do tema e os riscos envolvidos, trata-se de um longo processo em que se conjugam questões ambientais, económicas, sociais e diplomáticas.

CURSO VII. DESENVOLVIMENTO SUSTENTÁVEL - UMA ESTRATÉGIA PARA UMA CIDADE SUSTENTÁVEL?

INTRODUÇÃO

VIII AS ORIGENS DO DESENVOLVIMENTO SUSTENTÁVEL

V II.1. O RELATÓRIO BRUNDLAND E AS DATAS DO DESENVOLVIMENTO SUSTENTÁVEL

V II.2. OBJECTIVOS DE DESENVOLVIMENTO SUSTENTÁVEL: SDO

V II.3. A POLÍCIA E O SEU IMPACTO NAS CIDADES

INTRODUÇÃO

Vimos nos outros cursos que o projeto urbano exige estratégias de planeamento sustentáveis, eficazes e eficientes, mas pode encontrar obstáculos de vária ordem. A cidade como entidade sustentável preocupa-se com a preservação das dimensões ambiental, social, económica e paisagística, tendendo para um planeamento urbano que concilie todas elas. Após vários congressos e encontros entre cientistas e decisores políticos, o resultado destes encontros tem-se traduzido em cartas que definem os campos de intervenção e as cláusulas a eles inerentes. A mudança nos sistemas de governo mundiais revela-se essencial para fazer a transição para o desenvolvimento sustentável e contribuir para tornar as cidades mais receptivas aos objectivos de desenvolvimento sustentável definidos no Acordo de Paris e nos novos Objectivos de Desenvolvimento Sustentável (ODS) da ONU.Através dos conteúdos deste curso, iremos abordar o nascimento do desenvolvimento sustentável, os objectivos definidos, as decisões das Conferências das Partes (COP) e as estratégias de gestão da cidade sustentável.

VII. AS ORIGENS DO DESENVOLVIMENTO SUSTENTÁVEL.

Há datas que marcam nascimentos importantes na vida de um organismo vivo, e a cidade é uma delas. Por isso, vamos analisar o relatório BRUNDLAND, as questões e os objectivos das várias conferências sobre o clima, gerindo os novos desenvolvimentos que têm consequências para as cidades, as promessas não cumpridas e as cartas de ação a tomar.

VII.1 O RELATÓRIO BRUNDLAND E AS DATAS DO DESENVOLVIMENTO SUSTENTÁVEL.

O conceito de desenvolvimento sustentável nasceu em 1987, aquando da publicação do Relatório Brundtland. **O "desenvolvimento sustentável" (WCED**, 1987, p. 8) visa conciliar o desenvolvimento económico com a proteção do ambiente numa estratégia eficaz, a fim de transmitir às gerações futuras um mundo bem equipado para suportar e beneficiar desse desenvolvimento. O respeito pelo ambiente, a equidade social e a rentabilidade económica são indissociáveis e servem de referência a todas as acções. A "*nova era do crescimento económico*" suscitou diversas interpretações, entre as quais a necessidade de proceder a ajustamentos a longo prazo para conciliar as diferentes dimensões - ambiental, social, económica, paisagística e estética -, sendo a cidade o recetáculo deste desenvolvimento sustentável.

Em 1994, na Carta de Aalborg, onde mais de duzentas cidades europeias assinaram acordos comprometendo-se a promover o desenvolvimento sustentável do seu território, fala-se da cidade sustentável e das suas especificidades... As fases de implementação do desenvolvimento sustentável são apresentadas na Figura 4, mostrando o nascimento e a evolução do conceito.

Datas-chave do desenvolvimento sustentável

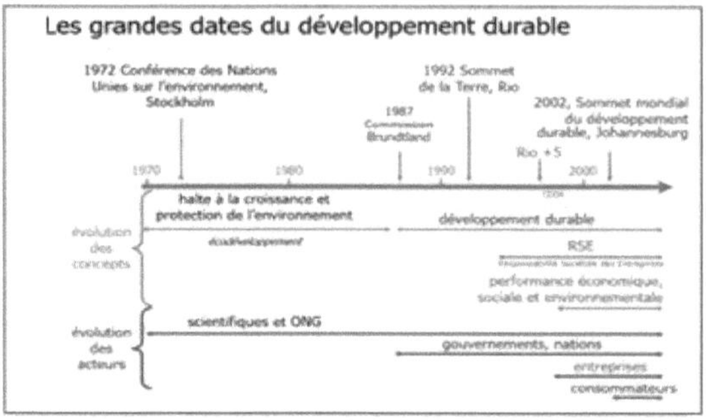

Figura 4: Esquema das datas-chave do desenvolvimento sustentável. Fonte: Christian BRODHAG, Le developpement durable du concept a l'action : le SD 21000 Ecole Nationale Superieure des Mines de Saint-Etienne, 2004

Em 1992, mais de 178 países reuniram-se no Rio de Janeiro para a conferência decenal **das Nações Unidas** sobre o ambiente e o desenvolvimento. Registaram-se avanços significativos, como a assinatura da **Declaração do Rio de Janeiro** sobre Ambiente e Desenvolvimento, que deu uma definição "oficial" de desenvolvimento sustentável.

Esta declaração estabelece uma **convenção sobre o clima** que apoia a necessidade de reduzir as emissões de gases com efeito de estufa, a fim de minimizar o impacto humano das alterações climáticas (**Quadro 5**. COPs, ano, cidades, países, objectivos e acções EM APÊNDICES),

As rodas estão agora em movimento: todos os anos, os países que assinaram a Convenção sobre o Clima na **Cimeira do Rio** vão reunir-se para encontrar soluções concretas para combater as alterações climáticas: é a famosa **"Conferência das Partes"**, que terá lugar numa cidade diferente todos os anos. Os actores não governamentais (ONG, empresas, cidades, cidadãos, etc.) também participarão, a fim de assegurar a melhor representação possível da sociedade na luta contra as alterações climáticas.

Em 1992, realizou-se no Rio de Janeiro a primeira "Cimeira da Terra". Os chefes de Estado presentes adoptaram a "Agenda 21", composta por 27 princípios essenciais (mais tarde 30) para tornar o desenvolvimento sustentável uma realidade. Em 1997, na Conferência de Quioto, foi adotado um tratado de redução das emissões de gases com efeito de estufa, com objectivos vinculativos, que estabeleceu definitivamente o aquecimento global como uma grande preocupação internacional (**BRUNEL, S.**, 2004, p. 45).

VII.2. OBJECTIVOS DE DESENVOLVIMENTO SUSTENTÁVEL: SDO

Os objectivos do desenvolvimento sustentável inscrevem-se numa estratégia de equilíbrio entre a sociedade, a economia, o ambiente e a governação, "*objectivos de equidade social, de eficácia económica e de melhoria do ambiente, que visam igualmente simplificar a organização e democratizar a tomada de decisões, a gestão e o controlo (governação)*" (**VALDIEU**, 2011). Podem ser resumidos da seguinte forma:

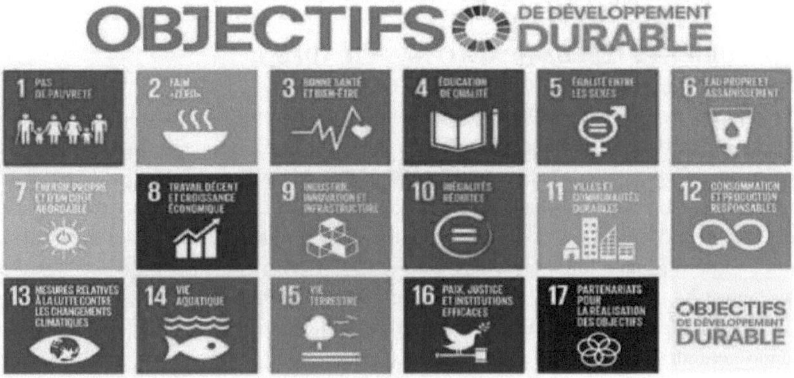

Figura 5: Objectivos de desenvolvimento sustentável definidos pela ONU (VALDIEU, 2011).

- Assegurar a diversidade da utilização dos solos e facilitar a integração das populações;
- Valorizar o nosso património e poupar recursos;
- Garantir a saúde pública, organizando a gestão dos territórios numa democracia local eficaz e promovendo um crescimento económico que tenha em conta o ambiente e a equidade social.
- Respeitar os princípios de eficácia em todos os sectores, avaliar o impacto das escolhas com reversibilidade e inovar as práticas de gestão;

-Pensar globalmente, agir localmente, porque a SD é um assunto de todos;

-Envolver a população, os utentes que são os principais utilizadores das cidades, em qualquer ação concertada (Projeto Urbano Concertado).

*"A cidade pode ser uma escala relevante para a aplicação dos princípios do desenvolvimento sustentável, até porque concentra um grande número de actividades e pessoas numa pequena área" (***POUYANNE**, 2004). A Figura 6 mostra os pilares da estratégia de Desenvolvimento Sustentável

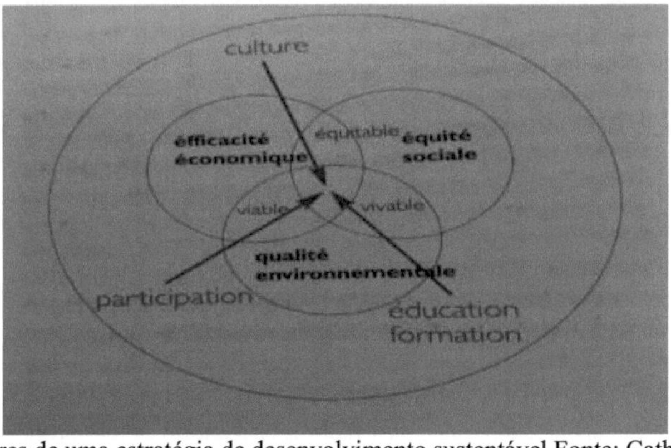

Figura 6: Pilares de uma estratégia de desenvolvimento sustentável Fonte: Catherine CHARLOT- **VALDIEU** e Philippe **OUTREQUIN**, "L'urbanisme durable Concevoir un eco-

quartier, 2ieme edition a jour du grenelle II, edition moniteur, Paris, 2011 Página 20

VII.3. A POLÍCIA E O SEU IMPACTO NAS CIDADES

VII.3.1. DEFINIÇÃO E OBJECTIVOS DO COP

A Conferência das Partes (COP) designa geralmente a **reunião anual dos** Estados para definir **os objectivos climáticos globais.** De facto, a COP é uma forma de organização específica de certas convenções internacionais. No domínio do ambiente, existem **3 COP**, nascidas de 3 convenções assinadas no final da Cimeira da Terra do Rio em 1992: a COP sobre a biodiversidade, a COP sobre a luta contra a desertificação e a COP sobre as alterações climáticas, que é a mais importante das três. A CQNUAC (Convenção-Quadro das Nações Unidas sobre as Alterações Climáticas), adoptada em 1992, reconhece a existência de alterações climáticas e **visa estabilizar as emissões de gases com efeito de estufa** (GEE), propondo **soluções através da cooperação internacional.** Os membros da COP sobre as alterações climáticas reúnem-se anualmente desde 1995. Neste contexto, foram assinados acordos, nomeadamente o Protocolo de Quioto em 1997 e o Acordo de Paris em 2015. O Acordo de Paris é um acordo global de luta contra o aquecimento global, que tem por objetivo conter o aquecimento global a um nível muito inferior a 2°C acima dos níveis pré-industriais até 2100 ( ) e prosseguir os esforços para limitar o aumento das temperaturas a 1,5°C.

Todos os Estados signatários da UNFCCC (197 em 2018) são convidados para a reunião anual da COP. O organizador oficial é a ONU, mas a conferência realiza-se todos os anos num país diferente. O objetivo é encontrar soluções para abrandar o aquecimento global, controlar os acordos estabelecidos e evitar que as cidades se tornem inabitáveis...

- **Entre as decisões tomadas nas várias COP, a redução das emissões de gases com efeito de estufa, a aplicação do Acordo de Quioto e do Acordo de Paris (Quadro 5. COPs, cidades anfitriãs e principais objectivos e acordos. EM ANEXOS).**
- Um dos objectivos das COP após a COP11 em Montreal era refletir sobre o período pós-Quioto. Os acordos vinculativos expiravam em 2010. É importante compreender que o grande receio dos negociadores é não conseguirem encontrar um **novo acordo** vinculativo que afecte todos os países, nomeadamente os maiores emissores. A COP15, em Copenhaga, por exemplo, foi uma desilusão de tão elevadas que eram as expectativas. No final, os Estados Unidos e a China recusaram-se a tornar os seus objectivos de redução vinculativos, comprometendo a luta unida contra as alterações climáticas. A COP15 de Copenhaga permitiu, no entanto, afirmar que as nações do mundo querem limitar o aquecimento global a menos de +2°C.
- Se somarmos todas as contribuições nacionais, parece que o aquecimento global deverá ser de +3,5°C até 2100, o que **está ainda muito longe do objetivo fixado.** O desafio para o período pós-COP21 é, portanto, fazer com que os cidadãos, as empresas privadas e estatais e as autoridades locais participem nas acções de mitigação sob o lema "o clima é um assunto de todos". Outros mecanismos serão igualmente debatidos noutras COP, como a introdução de um preço do carbono ou de um fundo verde para o clima.
- O 5.º relatório do PIAC, publicado em novembro de 2014, afirma com certeza que os seres humanos são responsáveis pelas alterações climáticas. O relatório "especial" do PIAC sobre as consequências de um aquecimento global de 1,5°C, publicado em 6 de outubro de 2018, é alarmante e apela a uma mudança radical. O relatório do Grupo de Trabalho n.º 1, publicado em 9 de agosto de 2021 como contribuição para o 6.º relatório do PIAC (AR6), limita-se a confirmar as certezas já adquiridas, fornecendo um resumo de alto nível da

compreensão do estado atual do clima, incluindo a forma como está a mudar e o papel da influência humana. O relatório do Grupo de Trabalho 2 do IPCC, publicado em fevereiro de 2022 como contribuição para o AR6, intitulado "Impactos, adaptação e vulnerabilidade" é muito alarmante. Os relatórios acumulam-se, prevendo catástrofes climáticas para as cidades e para o planeta, mas todos se escondem da verdade e as emissões continuam a aumentar exponencialmente. Foram tomadas algumas medidas, como a utilização do "EURO VERDE", um prémio ligado à redução das emissões de CO2 e pago aos países que lutaram e continuam a lutar contra as alterações climáticas.

Note-se que, devido à crise sanitária da COVID-19, não houve COP em 2020.

VII.4. DESENVOLVIMENTO URBANO SUSTENTÁVEL OU A CIDADE NA ERA DO DESENVOLVIMENTO SUSTENTÁVEL

O desenvolvimento urbano sustentável foi definido como "*um processo baseado na aprendizagem colectiva, na capacidade de resolver conflitos e no desejo de uma visão estratégica, e não na aplicação de um modelo pré-definido. Os diferentes sistemas que compõem a cidade (o sistema económico, o sistema social, o sistema físico e o sistema ambiental) devem ser considerados em conjunto, na sua coevolução e interações dinâmicas (externalidades, feed back, retornos crescentes, sinergias), e não simplesmente a soma de diferentes aspectos e objectivos*". (**MATHIEU ET AL**, 2011, p. 165).

A cidade sustentável obedece também a critérios bem definidos para poder reivindicar essa sustentabilidade. Por isso, é importante combinar todos os componentes, tendo em conta a sua evolução, a sua dinâmica e o seu impacto no ambiente.

VII.4.1. CRITÉRIOS DE SUSTENTABILIDADE PARA UMA CIDADE

J Reduzir o consumo de espaço ;
J Limitar a circulação desnecessária de pessoas e bens;
J Controlo do consumo de energia e da poluição ;
f Melhoria da qualidade urbana ;
f Acessibilidade de todos aos benefícios da cidade ;
f Promover a saúde na cidade ;
f Promoção do património ;
f Desenvolvimento económico da cidade ;
f Gestão económica e racional dos recursos.

Estes critérios tornam uma cidade elegível para a classificação de cidade sustentável se forem respeitados na sua gestão. Os COP têm-nos em conta de ano para ano.

VII.4.2. A CARTA DE AALBORG DE 1994 E OS SEUS PRINCÍPIOS

Sendo a cidade o recetáculo e o campo de ação, a disciplina inerente é o planeamento urbano sustentável. Este conceito surgiu efetivamente com a elaboração da Carta de Aalborg em 1994. Em maio de 1994, Aalborg (Dinamarca) acolheu uma conferência europeia sobre **cidades sustentáveis**. Vários países participaram e, após várias discussões, foi adoptada por unanimidade uma carta que definia as prioridades de trabalho e o compromisso de participar no processo da Agenda 21.

Na elaboração da Carta de Aalborg, há que ter em conta que esta se destina às cidades europeias, ao passo que a Carta de ATENAS se destina a qualquer cidade, independentemente da sua morfologia, localização geográfica ou impacto económico. Os participantes na conferência de Aalborg assinaram o seguinte acordo:

"Nós, as cidades europeias signatárias da presente Carta, comprometemo-nos, ao participar na Campanha Europeia das Cidades Sustentáveis, a envidar todos os esforços para chegar a

um consenso nas nossas comunidades sobre um programa local em resposta à Agenda 21 (Agenda 21 Local) até ao final de 1996. Desta forma, cumpriremos a tarefa estabelecida no capítulo 28 da Agenda 21 adoptada pela Cimeira do Rio em junho de 1992. Através das nossas iniciativas locais, contribuiremos para a implementação do Quinto Programa de Ação Ambiental da União Europeia, intitulado "Rumo à Sustentabilidade". As acções locais 21 serão definidas com base na primeira parte desta carta.

O plano desta carta é apresentado sob a forma de 14 pontos:

1) O papel das cidades europeias ;
2) O conceito e os princípios da sustentabilidade ;
3) Planos locais de sustentabilidade ;
4) Sustentabilidade, um processo de inovação e equilíbrio a nível local ;
5) A negociação como método de resolução de problemas;
6) A economia urbana rumo à sustentabilidade;
7) Justiça social para a sustentabilidade urbana ;
8) Desenvolvimento regional sustentável;
9) Mobilidade urbana sustentável ;
10) Responsabilidade pelas alterações climáticas globais;
11) Prevenir o envenenamento dos ecossistemas ;
12) A autogestão a nível local, uma condição necessária para a sustentabilidade ;
13) Cidadãos, protagonistas da sustentabilidade e participação comunitária ;
14) Os instrumentos de gestão urbana orientados para a sustentabilidade.

Estes princípios devem ser respeitados em todo o planeamento estratégico.

Quadro 6. Comparação entre a Carta de ATHENS e a Carta de Aalborg

CARTAS DE ATENAS (GRÉCIA) 1933	CARTA DE AALBORG (DINAMARCA) 1994
- O princípio do "clean slate	- Atitude patrimonial (preservar e melhorar os bens existentes)
• Abstração da arquitetura do seu contexto envolvente (história, geografia, cultura, ecologia). • -adoção do estilo internacional	• Manter conta do o ambiente integração multidimensional e de construção • Diversidade arquitetónica
- Procedimento de zonagem	- Procedimento misto funcional e políticas interfuncionais
• Viagens mais suaves • -Separação das vias de tráfego	• Reduzir a mobilidade forçada • Reconquista dos trajectos através dos diferentes modos de transporte
• Planeamento urbano por peritos e técnicos • -geometrização e racionalização da cidade	• Planeamento urbano participativo • Respostas únicas adaptadas ao contexto.

Fonte, autor, 2023

Os elementos de comparação e de diferença entre as duas cartas representam um ponto de viragem no desenvolvimento das abordagens de planeamento urbano.

Com base nestes princípios, o urbanismo e o desenvolvimento urbano decidiram conciliar estas diferentes dimensões num determinado território. A noção de desenvolvimento sustentável marca uma acentuação das questões ambientais nas práticas de produção urbana. O projeto urbano, enquanto abordagem, passou a intervir a todas as escalas (edifícios, projectos urbanos e cidade/região urbana). Por exemplo, ao nível do edificado, a construção de edifícios energeticamente eficientes, com recurso a materiais amigos do ambiente e a implementação de técnicas construtivas inovadoras, nomeadamente a utilização de painéis fotovoltaicos, a recolha de águas pluviais para rega de relvados e jardins, a ventilação natural, a valorização da luz através de janelas salientes, o isolamento acústico e térmico com recurso a materiais nobres, os vidros duplos, a compostagem dos resíduos domésticos, a triagem selectiva dos resíduos domésticos, etc.

À escala dos grandes projectos urbanos, a orientação para as energias renováveis (solar e eólica), a melhoria da localização em termos de orientação, o tratamento e a reciclagem das águas residuais, a valorização da flora e da fauna através de uma escolha judiciosa de plantas e árvores. Ao nível da cidade ou da região urbana, reorganização das infra-estruturas rodoviárias com utilização múltipla e partilha de faixas, melhoria dos transportes públicos ecológicos, ciclovias, trotinetas eléctricas, etc. Introdução de ecrãs azuis e verdes, corredores ecológicos que respeitem a biodiversidade do ecossistema, paragens de repouso com mobiliário urbano adaptado e ergonómico, criação de zonas de respiração e de relaxamento que contribuam para o bem-estar dos utentes.

Esta consciência crescente da contribuição que as cidades podem dar para o desenvolvimento sustentável levou, a partir dos anos 90, ao desenvolvimento de projectos urbanos que tentavam satisfazer da melhor forma possível os requisitos de sustentabilidade. Os pioneiros desta abordagem encontram-se sobretudo no Norte da Europa, onde surgiram os primeiros "bairros sustentáveis". A criação de bairros sustentáveis, rebaptizados de "eco-distritos", tornou-se um objetivo declarado de muitas autoridades locais europeias preocupadas com a sustentabilidade urbana. O sucesso também se estendeu para além das fronteiras europeias, com alguns ecobairros no Dubai-City e no Qatar a terem em conta os caprichos do clima e da geografia.

- II.5. PROJECTO URBANO E CIDADE SUSTENTÁVEL/QUE RELAÇÃO?

Relacionar o urbanismo e o desenvolvimento sustentável significa associar a ecologia urbana à investigação sobre o desenvolvimento através do urbanismo, a procura do bem-estar e o respeito pela natureza. Vários teóricos basearam os seus trabalhos na viabilidade da operação e na forma de construir um modelo flexível, adaptável ao contexto e que afecta todas as escalas: do local ao regional e à territorialização. O adágio "pensar globalmente - agir localmente" tornou-se o leitmotiv desta reflexão.

O objetivo é envolver todas as partes interessadas, trabalhando com organismos governamentais, promotores privados, cidadãos e associações, a fim de construir **um modelo intencional** de sustentabilidade eco-sistémica e contextual (para o local);

- **estabelecer um processo de diagnóstico iterativo** utilizando o modelo intencional, uma espécie de quadro a seguir, certificando-se de que todos os actores foram introduzidos e que as escalas e os prazos foram respeitados no contexto da organização urbana em questão ;
- **destacar os critérios de sustentabilidade** (a grelha de avaliação) para delimitar e enquadrar o processo, adaptando-o ao contexto e proporcionando acções coerentes, tendo em conta as incertezas ligadas à evolução da sociedade, aos riscos de vida, ao clima, às catástrofes naturais, etc.

Ao ter em conta estes factores, podemos garantir que as nossas cidades são mais sustentáveis, tornando o processo de conceção urbana mais colaborativo, mais transacional e mais inclusivo de diferentes critérios, como a flexibilidade, a temporalidade, o contexto e a espacialidade.

A transdisciplinaridade e a multidisciplinaridade estão a tornar-se o catalisador desta colaboração com um único objetivo: fazer cidades sustentáveis onde o bem-estar dos habitantes é a causa principal. A mudança de paradigma não se impõe através da imposição de gestos radicais, mas segue a velocidade da resiliência das comunidades locais e dos actores envolvidos. *"Esta é uma das muitas contradições inevitáveis do desenvolvimento sustentável: ter tempo para conceber soluções complexas e integrá-las na sociedade e, ao mesmo tempo, responder ao sentimento de urgência gerado pela crise"* (Mertenat, 2012). A urbanidade oferece um contexto social e natural misto e diversificado, sob a forma de uma forma de ocupação compacta. A preocupação atual é como conciliar os riscos com as dinâmicas de modelação dos ecossistemas urbanos.

CONCLUSÃO

O desenvolvimento sustentável é uma abordagem que se aplica a todos os níveis do território. Deve ser (re)definido para cada uma destas escalas, com objectivos diferentes consoante o nível em causa (de um projeto de desenvolvimento relativo a uma região a um bairro de habitação local). As questões e os objectivos não são idênticos. Os métodos e as ferramentas são diferentes e devem, portanto, ser desenvolvidos para cada tipo de projeto, para cada escala de território. Os eco-distritos podem ser considerados como precursores de um desenvolvimento urbano mais sustentável. Mais do que em qualquer outro lugar, eles reflectiram sobre o que poderia ser uma cidade sustentável. De momento, trata-se de projectos relativamente isolados, caracterizados por um forte apoio político. Muitos são projectos de construção nova que prolongam a cidade existente, e quase todos fazem parte de iniciativas em que o forte envolvimento financeiro, organizativo e político da autarquia local ( ) permitiu eliminar certos obstáculos, nomeadamente os relacionados com a disponibilidade de terrenos e a mobilidade. Mas estes projectos demonstram também que é possível produzir uma cidade mais "sustentável", tanto do ponto de vista técnico como organizacional. O desafio consiste agora em compreender em que medida estas abordagens excepcionais podem contribuir para a emergência de um urbanismo sustentável ou de cidades compactas.

Os imperativos do desenvolvimento sustentável reflectem-se no processo de construção destes bairros através de dificuldades técnicas, programáticas e processuais concretas. Como combinar a atividade económica e a habitação num projeto sem criar incómodos? Como financiar os custos adicionais de desempenho energético durante a construção dos edifícios? Como conciliar a participação do público com a tecnicização do planeamento e do desenvolvimento urbano? Para responder a estas novas questões, os actores da produção da cidade têm de alterar as suas práticas profissionais. Ao mesmo tempo, com o acréscimo de novos constrangimentos, o contexto em que se desenrola a interação entre os actores envolvidos nos projectos de planeamento e desenvolvimento urbano torna-se mais complexo. A introdução de um modelo intencional que tenha em conta diferentes critérios revela-se como uma das soluções para conciliar o desenvolvimento sustentável e o planeamento urbano.

Estão a decorrer em todo o mundo várias reuniões internacionais sobre as alterações climáticas (COP 23 no Egito, por exemplo), com recomendações importantes a seguir pelos países signatários. O desenvolvimento sustentável entra em jogo para reorientar os nossos esforços no sentido do respeito pela natureza em todos os seus aspectos.

CONCLUSÃO GERAL

O primeiro curso sobre o projeto urbano permite ao formando reconstituir o nascimento do conceito e as operações que marcaram o seu nascimento. Assim, foram necessários alguns lembretes e noções preliminares para introduzir o conceito de uma forma flexível (qualidades do projeto urbano) na visão do planeamento tradicional e na procura de estratégias conciliadoras e não segregadoras para todos os utilizadores do espaço, quer sejam residentes, decisores, promotores, financiadores ou visitantes. Como o projeto urbano é polissémico, começaremos por descrever o campo de ação em que ele se desenvolve. Vimos que o projeto urbano é uma abordagem que abrange todas as escalas: desde o edifício, passando pelo bairro, até à cidade inteira e, por fim, abrangendo todo o território.

Numa ação de baixo para cima, o nível local toma a locomotiva e conduz as espacialidades, dando a cada paragem o seu próprio conjunto de acções e impactos. A identificação do perímetro "relevante" do projeto urbano não é fácil, dada a escala das operações. No entanto, dominar e gerir a "área alvo" torna a ação concreta e a estratégia relevante. Apela à interdisciplinaridade e à transdisciplinaridade, é flexível e adaptável quanto às acções a empreender e ao modo como devem ser implementadas, adapta-se às consequências no terreno, curva-se às exigências da realidade, integra-se em processos já iniciados, tem em conta os interesses gerais evitando fricções entre os intervenientes, é democraticamente aberto e cria um marketing urbano em torno do projeto.... Em suma, esta é a lógica bottom-up em relação ao planeamento tradicional.

O projeto urbano é, em última análise, uma estratégia de planeamento flexível. Atravessa todas as escalas de um território e é definido de acordo com o perímetro pertinente, implicando a consulta e a participação de todos, porque diz respeito a todos.

A indefinição que o rodeia torna difícil para os teóricos definir o projeto urbano como um todo.

Foram utilizadas várias abordagens, a começar pela abordagem espacial, que analisa as transformações físicas de um local, geradas pelas acções planeadas e, evidentemente, as alterações daí resultantes. Philippe **PANNERAI E MANGIN** em 1999, Patricia **INGALLINA** em 2002. **ZIMMERMAN** (2000, 2004), **PINSON G.** (2005, 2006, 2009), Sabine **COURCIER** (2002), **HUBERT** et all (2014) e **MARTOUZET** (2018) defendem uma abordagem baseada nas partes interessadas que têm a oportunidade de intervir num projeto ou ação e que têm o poder de tomar decisões. Todos eles afirmam que as decisões políticas, o envolvimento das partes interessadas e a sua disponibilidade para responder aos riscos e resolver os obstáculos são a pedra angular do projeto urbano. A abordagem incorpora uma perspetiva temporal que retranscreve o projeto urbano na sua totalidade, e baseia-se nos trabalhos de **ARAB** em 2004, **GROSBELLET** em 2016 e **JOLIVET** em 2018.

o projeto urbano veio dar forma à cidade através de grandes projectos urbanos, convocando os actores envolvidos em função das políticas e regulamentos urbanos em vigor e da sua aplicação prática. Seja na prática ou no ensino, o projeto urbano é uma poderosa alavanca de ação pública e reúne cidadãos, eleitos locais, investidores, banqueiros e utilizadores em torno dos seus objectivos. Os actores implicados na ação são importantes pela vontade política de empreender um trabalho e de o manter apesar dos obstáculos encontrados. De acordo com **PINSON** e **VION** (2000), o projeto urbano é visto como um instrumento de reposicionamento internacional da cidade, uma vontade de unir os actores urbanos num contexto de concorrência urbana internacional. Os grandes projectos de planeamento urbano, alguns dos quais foram discutidos no conteúdo do curso, mostram que as políticas urbanas são, acima de tudo, decisões de actores responsáveis e dispostos a isso.

Nas cidades tradicionais, a pequena dimensão do território e a relativa simplicidade do processo de tomada de decisões fazem com que a imagem do espaço seja percepcionada como uniforme. Isto já não é evidente nos actuais espaços urbanos alargados, fragmentados e compartimentados. Os métodos de representação e os processos de decisão devem adaptar-se a esta nova situação. A realização de um projeto à escala da região urbana exige, portanto, uma "aliança" entre o aglomerado urbano e os municípios periurbanos circundantes. A criação de um conselho de desenvolvimento que reúna todos os recursos vitais de um território é muito importante para garantir o êxito de um projeto. Estas questões de "governança" não são acessórias, pois criam as condições para a apropriação colectiva do projeto e a projeção coerente da sua imagem no exterior. A outros níveis, a cooperação é essencial. As cidades nunca estão sozinhas no mundo; todas elas estão envolvidas em dinâmicas de dependência e de complementaridade com outras cidades. A cooperação entre cidades e o desenvolvimento dos respectivos activos, no âmbito das "redes de cidades", são muitas vezes a chave para a atratividade mútua. As alianças e o trabalho em rede são essenciais. As estratégias de cooperação entre regiões também não podem ignorar a dimensão Norte-Sul do seu sistema de relações. O círculo de relações está ligado à história, à sua população e, por conseguinte, à sua própria imagem. Será necessário um apoio político adequado para que as formas de cooperação propostas tenham êxito e sejam adoptadas pelos seus habitantes. É assim que o projeto urbano poderá ter êxito. Uma economia terciária, centrada nos serviços, na informação, no bairro, no software... desenvolveu-se com a ascensão da cultura, do lazer, do turismo urbano... Estas transformações socioeconómicas do sistema produtivo têm um impacto na cidade, modificando o espaço e os usos, as escalas e os territórios, empurrando a introdução para uma nova era urbana pós-industrial e para uma nova revolução urbana em que o leitmotiv é o desenvolvimento sustentável. O desenvolvimento sustentável é uma abordagem que se aplica a todas as escalas do território. Deve ser (re)definido para cada uma destas escalas, com objectivos diferentes consoante o nível em causa (de um projeto de desenvolvimento relativo a uma região a um bairro de habitação local). As questões e os objectivos não são idênticos. Os métodos e os instrumentos são diferentes e devem, portanto, ser desenvolvidos para cada tipo de projeto, para cada escala do território.

Os bairros ecológicos podem ser considerados como precursores de um desenvolvimento urbano mais sustentável. Mais do que em qualquer outro lugar, eles reflectiram sobre o que poderia ser uma cidade sustentável. Por enquanto, trata-se de projectos relativamente isolados, caracterizados por um forte apoio político. Muitos são projectos de construção nova, que prolongam a cidade existente, e quase todos se inscrevem num processo em que o forte envolvimento financeiro, organizativo e político da autarquia local permitiu ultrapassar certos obstáculos, nomeadamente os relacionados com a disponibilidade de terrenos e a mobilidade. Mas estes projectos demonstram também que é possível produzir uma cidade mais "sustentável", tanto do ponto de vista técnico como organizacional. O desafio consiste agora em compreender em que medida estas abordagens excepcionais podem contribuir para a emergência de um urbanismo sustentável ou de cidades compactas.

Com a adição de novos constrangimentos, o contexto em que se desenrola a interação dos actores durante a execução dos projectos de desenvolvimento e de urbanismo torna-se cada vez mais complexo. A introdução de um modelo intencional que tenha em conta diferentes critérios revela-se como uma das soluções para conciliar o desenvolvimento sustentável e o planeamento urbano.

Estão a decorrer em todo o mundo várias reuniões internacionais sobre as alterações climáticas (COP 23 no Egito, por exemplo), com recomendações importantes a seguir pelos países signatários. O desenvolvimento sustentável entra em jogo para reorientar os nossos esforços no sentido de respeitar a natureza em todos os seus aspectos.

Colocamos a nós próprios as seguintes questões: para onde vai o projeto urbano? Quais as estratégias a seguir para contornar os lobbies que conduziriam à deriva? Os grandes projectos urbanos (GPV) com teletrabalho e NTIC serão um dia obsoletos como meio de revitalização do substrato? O que acontecerá a estes projectos construídos de acordo com a tendência do "trabalho em casa"? O projeto urbano, enquanto abordagem, ainda tem futuro? As respostas a todas estas questões estão ainda por inventar e são pistas de investigação para uma teoria PROSPECTIVA e visionária.

BIBLIOGRAFIA POR ORDEM ALFABÉTICA

ARAB, N. (2004). L'activité de projet dans l'amenagement urbain : processus d'elaboration et modes de pilotage : Les cas de la ligne B du tramway strasbourgeois et d'Odysseum a Montpellier.

ALVAS J. (1998), "Bilbao et l'effet Guggenheim", in Le Soir, 30.10.

ARNAUD, M. (1996), "Grands Travaux et developpement urbain", *"villes en developpement",* n.º 34, dezembro de 1996.

ASCHER, F., (1995), "*Metapolis, ou l'Avenir des villes*", Paris, Ed. Odile Jacob, 346 páginas.

BOHIGAS,O. (1985). "Espaces publics et urbanisme de projet : la reconstruction de Barcelone", Amenager l'urbain de Montreal a San Francisco, por Annick Germain e Jean-Claude Marsan 1987, editions du Meridien, páginas 65 a 76

BONNAFOUS A. ET PLASSARD, F. (1974), " Revue economique ", volume 5 ; numero 2

BOUCHAREB A. " Projet Urbain, définitions, acteurs, stratégies ", cours pour les etudiants master 1 academique 2011/2012, departement d'urbanisme, faculte d'Architecture et d'Urbanisme, Universite Salah Boubnider Constantine 3.

BOURDIN, **A**.; **LEFEVRE**;**M.-P.**&MELE, P. (2006). Les regles du jeu urbain, entre droit et confiance, Descartes & Cie. Os Urbanos

BOUTINETJ.P., (1993a). *"Psychologie des conduites a projet",* Que sais-je no 2770, Paris, PUF, 126 páginas.

BRODHAG,C.,(2004) *Le developpement durable du concept a l'action* : le SD 21000 Ecole Nationale Superieure des Mines de Saint-Etienne,

BRUNDTLAND,G. H., (1989), *Notre Avenir a Tous,* relatório da Comissão Mundial sobre o Ambiente e o Desenvolvimento, Les Editions du Fleuve, Paris (tradução francesa de Our Common Future (1987)).

BRUNEL, S.,(2004), *Le developpement durable*, Paris, Ed. PUF, 128 páginas.

BUSQUETS,J.(1990), *"Les projets urbains de niveau intermediaire : l'exemple de Barcelone",* trames n°1, volume 3.

BUSQUETS, J. (1991). *"La planification-cadre et les projets-actions",* Les Annales de la recherche urbaine no 51 juillet 1991, pages 123 a 130.

CABET, E., 1840*, Voyage en Icarie*, Paris.

CAGNARDI, Cesare MACCHI CASSIA. Vittorio SPIGAI,(2015) " Planification et projet urbain en Italie in CRU (centre de documentation de l'urbanisme) Paris,

CAMPOS,G. VENUTI, COSTA P.L., PIAZZA, L., ODOARDO REALI.ED MARSILIO LUIGO .(1985), conferência**.** "Florença para um urbanismo de qualidade. Anteprojeto de um plano diretor" Veneza, P.236

CHADOIN, O. et AL (2015) EDITORIAL em Espaces et Societes n°163 página 7. Publicado online em Cairn.info em 06/11/2015https://doi.org/10.3917/esp.163.0007

CHALINE,CL. (1999), "la regeneration urbaine", Paris.PUF. Que sais-je n°3496, 127 páginas.

CHARLOT-VALDIEU,C. e **OUTREQUIN,P.**,(2006). *Developpement durable et renouvellement urbain " des outils operationnels pour ameliorer la qualite de vie dans nos quartiers ",* edition d'Harmattan, France, P: 15.

COURCIER,S. (2002) "de revaluation de l'effet structurant d'un projet urbain a l'analyse des congruences entre stratégies d'acteurs : le reamenagement du vieux port de Montreal", tese de doutoramento, Universidade de Montreal, Canadá.

DEMAZIERES C. ET RODRIGUEZ, A. (1999), "Le grand projet emblematique, reponse Des metropoles a la globalisation. Le cas de Bilbao", *Infrastructures et formes urbaines*. Paris L'Harmattan, Espace et societe no 95, páginas 147 a 160.

DEVILLIERS,C., (1988). *"De la logique de secteur au projet urbain"*, Entrevista de P. Genestier e M. Roncayolo, páginas 244 a 259.

DEVILLIERS, C., GIRALDEAU F.(1990), "Notes sur le projet urbain :enjeux et methodes", Trames n°1 volume 3, páginas 6 a 12.

DEVILLERS, C., (1990). *"Y-a-t-il un projet dans la ville?"*, Plan Construction.
Séminaire de prospective sur l'habitat et les villes, dezembro de 1990, 10 págs.

DEVILLIERSC., (1994), *" Le projet urbain ",* Conferences Paris d'Architectes 1994 au Pavillon de l'Arsenal, les minis PA no2, editions du Pavillon de l'Arsenal, 1996, págs. 7 a 47.

GIRALDEAU, F. (1990). "Notes sur le projet urbain : enjeux et methodes", Trames no 1 volume 3, páginas 6 a 12.

GENESTIER,P.(1993), *"Que vaut la notion du projet urbain?* in l'architecture d'aujourd'hui, n°288.

GENESTIER, P. (1996). Para um novo urbanismo. Faire la ville, comment? Paris, La documentation fran^aise.

GENESTIER, P.(2001). Des projets en parole et en images. A retórica do projeto face à crise do vouloir-politique. Espaces et Societes, n° 105-106, pp. 101-126

GROSBELLET, J. (2016). La ville acceleree et ses acteurs : Anatomie du projet urbain des Bassins a flot a Bordeaux. Universite Paris-ouest, Naterre La defense.

HAUMONT, A., (1993), La mobilite intra-urbaine : Retrospective et prospective **.**inLes Annales de la Recherche UrbaineAnnee 1993 59-60pp. 109-118

HARMELLE, C., (1982), Revue Recherche n° 47 /-48 /Les piques de l'aigle. librairiephilippearnaiz, Isle sur la sorgue, França

HAYOT,A. (1997). "En finir avec le fonctionnalisme : les sciences sociales, l'architecture et la ville", Alain Hayot e André Sauvage, eds. (2000). Le projet urbain, enjeux experimentations et professions. Actes du colloque "les sciences humaines et sociales face au projet urbain" organisée par l'INAMA et SHS-TEST a Marseille en janvier et fevrier 1997. Paris : Editions de la Villette, páginas 11 a 24

HECHAM ZEHIOUA, B. , (2010), "Impacts des projets inscrits a Constantine et evaluation de son image de marque, pour un projet urbain a effet structurant", tese de doutoramento Es Sciences, defendida em maio de 2010, Universidade Mentouri Constantine 1.

HUBERT, M. et **al** (s/d) (2014). Les Grands projets urbains : Territoires, acteurs et strategies. Imprensa universitária de Montreal

HUET, B.(1986), "l' architecture contre la ville", *Architecture mouvement continuite (AMC) n°14* decembre 1986, páginas 10 a 13.

INGALLINA, P. (2001) " Le projet urbain " ED presses universitaires de France, coleção : Que sais-je ? N°3585, Paris, 127 páginas

JOLIVET, D. (2018). Maturite des projets d'urbanisme: vers une structure temporelle du projet. ln Les grands projets urbains : Territoires, acteurs et strategies, (s/d) D. Martouzet. pp.159- 193

LAPERRIERE, H. (1998). "Lecture culturelle d'un paysage urbain : elements de methode tires du cas montrealais", Lieux culturels et contextes de villes sous la direction de J.P.

Augustin et D. Latouche, Maison des sciences de l'Homme d'Aquitaine, páginas 113 a 135.

LE PETIT LAROUSSE 2019.

MANGIN,D. PANNERAI,P. (1999), Projet urbain " ED. Parêntesis, 186 páginas

MARSAN, J-CL (1994) Montreal em evolução. Laval : Quebec, Editions du Meridien, 515 páginas.

MARTOUZET, D. (2018). Le projet fait les acteurs : Urbanisme, complexite, incertitude. s/d D. Martouzet. Imprensa universitária Francois-Rabelais.

MASBOUNGI, A. (2016). Le plaisir de I'urbanisme. Editions parentheses. 176p.

MASBOUNGI A. (2002), "Projets urbains en France", Moniteur, Paris

MATHIEU,N., e **GUERMOND,Y.**, (2011). *La ville durable, du politique au scientifique*, edição Quae, França,. P : 165.

MERLIN,P. e **CHOAYF**. (1996), "Dictionnaire de 1'urbanisme et de I'amenagement", Paris, PUF, 863 páginas.

MOLLURA, G.(2011)" Les programmes europeens et les villes: politiques integrees de requalification urbaine et 'gouvernance'", *Rives mediterraneennes*, 39 | 2011, 113-123.

MONNIER,E. (1992). *Evaluation de I'action despouvoirspublics*. Paris : Economica 245 p

OFFNER, J-M (1993). "Les effets structurants du transport : mythe politique, mystification scientifique". L'espace geographique, no3 1993, páginas 233 a 242

OFFNER, J-M (1995). "L'invention politique et sociale de la technique", Ville espace et valeurs sob a direção de J.L. Gourdon et al. Paris l'Harmattan, páginas 521 a 534.

PINSON,D. (1997) ," *Projet de ville et projets de vie* ",Hayot, Alain et Andre Sauvage, dir.(2000) du " projet urbain, enjeux, experimentations et professions ".acte du colloque " les sciences humaines et sociales face au projet urbain " organisé par l'INAMA et SHD-TEST a Marseille en janvier et fevrier 1997. Paris. Editions de la Villette, páginas 78 a 95.

PINSON, G. E VION, A. (2000). L'internationalisation des villes comme objet d'expertise, Pole Sud, n°13, pp. 85-102.

PINSON, G. (2002). Projectos e poderes nas cidades europeias. Uma comparação entre Marselha, Veneza, Nantes e Turim. Tese de doutoramento, Universidade de Rennes I

PINSON, G. (2005a). Le projet urbain comme instrument d'action publique, in P. Lascoumes et al, Gouverner par les instruments, Presses de Sciences Po, pp.199-233.

PINSON, G. (2005b). L'ideologie des projets urbains. L'analyse des politiques urbaines entre precedent anglo-saxon et 'detour' italien. In Sciences de la societe, n°65. "As ideologias emergentes das políticas territoriais". pp. 28-51

PINSON, G. (2009). Gouverner la ville par projet : urbanisme et gouvernance des villes europeennes, Presses de Science Po, Paris, 418 p.

PINSON, G. (2006). Projets de ville et gouvernance urbaine : pluralisation des espaces politiques et recomposition d'une capacité d'action collective dans les villes europeennes Sciences Po. "Revue francaise de science politique. Vol. 56, pp. 619-651 **PINSON, G.** (2009). Gouverner la ville par projet : urbanisme et gouvernance des villes europeennes, Presses de Science Po, Paris, 418 p.

POUYANNE G., 2004, *Urban form and daily mobility,* tese de doutoramento em economia, Universidade Montesquieu-Bordeaux IV, dezembro, p. 12.

REMY,J. (1998), *"Le projet urbain sens et signification",* Toussaint Jean-Yves e Monique Zimmermann, dir. De " projet urbain, menager les gens, amenager la ville ",Pierre Mardaga editeur,p.5 a 8.

SOKOLOFF,B. (1999). Barcelona ou como refazer uma cidade. Les Presses de l'Universite de Montreal, 208 páginas.

STEINEBACH,M. (1993). "*Reflexions sur le projet urbain et le role de la forme urbaine, de l'espace dans la relation Mutation Economique et Urbanisme*", Lacaze, (dir. de) Mutations economiques et urbanisation, Paris: La Documentation fran^aise, p357 a 369.

THOMAS F. (1998). "*Vers une nouvelle culture de l'amenagement des villes*", J. Y. Toussaint e M. Zimmermann (eds.). Projet urbain, menager les gens, amenager la ville, Pierre Mardaga editeur, p15 a 34

THOMAS F., (1998). Citado por S. Courcier em "Canadian Journal of Urban Research Vol. 14, No. 1, Supplement: Canadian Planning and Policy / Amenagement et politique au Canada (2005), pp. 57-80 (24 páginas), Publicado por: Institute of Urban Studies, University of Winnipeg.

TOUSSAINT J.-Y. & ZIMMERMANN M. (dir.), *User, Observer, programmer et fabriquer l'espace public,* Collection des sciences appliques de 1'INSA de Lyon, 2001

VERHAGE R. et LEROY M. , " Developpement urbain durable : Comment apprendre des expériences d'ecoquartiers ? ", *Geocarrefour* [En ligne], vol. 89/4 | 2014, em linha desde , consultado em 03 de janeiro de 2023. URL : http://journals.openedition.org/geocarrefour/9558 ; DOI : https://doi.org/10.4000/geocarrefour.9558

WILLIAMSON, J. (1995). Community design management, 210 páginas

WCED (Comissão Mundial para o Ambiente e o Desenvolvimento), 1987, *Our Common Future*, Oxford: Oxford University Press, 416 p

WRENN, D., M. (1983). Urban waterfront development. Washington, the Urban Land Institute, 219 páginas **https://ec.europa.euhttps://www.ibicity.fr)**
https://www.yumpu.com/fr/document/view/34692540/planification-et-projet-urbain-en-italie-documentation-centre
https://www.compteco2.com/article/historique-cop-conference-des-parties

SECÇÕES B. TUTORIAIS/PROJECTOS EM DESTAQUE

Dividimos os tutoriais em duas sub-secções: a sub-secção global, em que algumas experiências de todo o mundo foram estudadas e apresentadas pelos alunos, e uma sub-secção local: experiências na Argélia.

Com base no princípio do geral para o local, elaborámos estas duas subsecções.

B.1. PRIMEIRA SUBSECÇÃO//

A escolha dos temas é deixada ao critério dos aprendentes, mas é fornecido um enquadramento profissional para os temas e exemplos escolhidos.

Desta forma, foram visados os principais projectos de planeamento urbano em todo o mundo que utilizam o projeto urbano como abordagem de ação.

A diversidade dos projectos enriquece a cultura da conceção urbana.

Basta verificar os critérios que diferenciam uma abordagem de "projeto urbano" de uma abordagem tradicional de planeamento orientado.

A operação em si é objeto de um plano de trabalho muito preciso: ter em conta a situação geográfica, a operação em si, os actores envolvidos, a consulta pública, as parcerias público-privadas, os resultados do projeto, o impacto pós-projeto e a adição de uma comparação com o nosso próprio país: estas operações podem ser transpostas ou reproduzidas na Argélia?

B.1.1. TÍTULOS DOS PROJECTOS GLOBAIS ESCOLHIDOS PELOS ALUNOS

* Alguns títulos de projectos apresentados pelos alunos não estão incluídos nesta coleção.

B.1.1.1 O centro histórico de Bolonha: um projeto urbano pioneiro

B.1.1..2. Desenvolvimento do Vale do Clyde em Glasgow (Grã-Bretanha)

B.1.1.3.. A CIDADE DE MALMO ENsuede

B.1.1.4.. O REDESENVOLVIMENTO DO PORTO VELHO Montreal Canadá

B.1.1.5.. Reconversão da estação de Saint Denis-France

B.1.1.6...Bairros ecológicos nas cidades alemãs

B.1.1.7 Reabilitação do sector Confluence de Lyon-França

B.1.1.8..barceloneluenc@22 em Espanha

B.1.1.9... O Projeto Urbano de Bilbau (Espanha)

B.1.1.10. O conceito de eco-vizinhança nos Emirados Árabes Unidos

B.1.1.12.. La rose de Cherbourg , distrito de La defense-paris França

B.1.1.13...Le grand Mirail em Toulouse França

B.1.1.14. High line Nova IorqueEstados Unidos

B.1.1.15.. O projeto Euralille em França.

Foram discutidos outros projectos, mas de menor **importância.**

8.2. SUBSECÇÃO 2/// PROJECTOS URBANOS NA ARGÉLIA

A declaração da TD.

""Tendo estudado os projectos projectos urbanos cidadesno mundo,
-ter expondo e discutido o conteúdo de cada projeto urbano projeto urbano,

* depois de expressar as suas opiniões sobre um determinado projeto num debate livre e democrático;

estamos a lançar o conteúdo do próximo DT. **"A MINHA CIDADE EM ACÇÃO".**

* Este DT debruça-se sobre os projectos no nosso país: "da internacionalização à nacionalização e à localização".

O conteúdo do CE TD é normalmente plantado **nas cidades de origem dos estudantes.**

* Durante as férias de inverno e de primavera, os estudantes regressam a casa com

autorização do departamento para visitar, consultar e falar com os actores locais envolvidos nos projectos.

* O objetivo é: identificar **um projeto de cidade,** uma **transformação num dos bairros da cidade, uma operação de melhoria do ambiente urbano da cidade, uma operação de grande envergadura que afecte toda a cidade** **EM SUMA, UMA ACÇÃO NA CIDADE DE**
RESIDÊNCIA OU NUMA CIDADE PRÓXIMA....

* **Contactar os actores envolvidos (presidente da autarquia, chefe do departamento de urbanismo, responsáveis sectoriais ligados ao projeto ou à ação), colocar a estes actores locais questões sob a forma de entrevista sobre o projeto, a escolha do projeto e do terreno, a sua utilidade, os seus objectivos, os seus impactos sociais, económicos, urbanísticos... sobre a cidade e o seu futuro; * Contactar a população interessada nesta ação e perguntar se houve consulta ou sensibilização... se esta população concorda ou não com a ação.Contactar a população afetada por esta ação e perguntar se houve consulta ou sensibilização... se esta população concorda ou não com a ação, os porquês...**

Y' é participação dos cidadãos?

* **Evidentemente, é necessário efetuar uma análise urbana do local onde se desenrola a ação, evidenciando as alterações e os impactos e realizando uma análise SWOT,**

* **Uma vez terminado o trabalho, elabore um resumo e uma avaliação desta ação, discuta se esta operação está em conformidade com os critérios do projeto urbano e apresente o seu próprio ponto de vista sob a forma de uma proposta de desenvolvimento com o slogan "Se eu fosse o promotor, teria feito....) com argumentos de apoio.**

8.2.1. TÍTULOS DE ALGUNS PROJECTOS

8.2.1.1. O elétrico de Constantino e as suas extensões
8.2.1.2. O projeto BARDO -PARK em Constantine
8.2.1.3. Reconversão do porto de pesca de SKIKDA
8.2.1.4. Reconversão da circunscrição EDIMCO de Bedjaia
8.2.1.5. Projeto de refinação do Uganda (o estudante é do país de l'OUGANDA)
8.2.1.6. O desenvolvimento da zona industrial e o seu impacto na cidade de Bouira
8.2.1.7. O plano de proteção permanente da antiga Mila (**PPSMVSS)**
8.2.1.8. A zona industrial da cidade de BORD-BOUARRERIDJ e o seu raio de influência B.2.1.9. O projeto do circuito turístico RIDE no Sul da Argélia
8.2.1.10. O porto petroquímico de Skikda
8.2.1.11. A estação de autocarros MILA
8.2.1.12. O complexo desportivo de Tebessa.
8.2.1.13. SNOBER LAND, um parque temático dinâmico para a cidade de EL Khroub B.2.14. L.UC3, um projeto urbano com efeito estruturante
8.2.1.14. Constantina, Capital da Cultura Árabe 2015, um projeto urbano cheio de acontecimentos.

Existem outros projectos, mas de menor importância ou relativos à mesma cidade.

Quadro 5. As diferentes COP, cidade, países organizadores e principais objectivos.

Ano	COP	CIDADE	PAÍS	ÍNDICE
1995	COP 1	Berlim	Alemanha	-redução dos gases com efeito de estufa
1996	COP2	Genebra	Suíça	-Alterações climáticas: uma ameaça para a sobrevivência do planeta.
1997	COP3	Quioto	Japão	-assinatura de protocolo de ligação: redução de 5,2% dos gases com efeito de estufa para países signatários
1998	COP4	Buenos Aires	Argentina	-negociações entre países
1999	COP5	Bona	Alemanha	negociações entre países
2000	COP6	La Hague	Países Baixos	negociações entre países
2001	COP6	Bona	Alemanha	negociações entre países
2001	COP7	Marraquexe	Marrocos	negociações entre países
2002	COP8	Nova Deli	Índia	negociações entre países
2003	COP9	Milão	Itália	Os principais **objectivos** serão a criação de um
				sistema global de imposto sobre o carbono, o fim da dependência do carvão, a eliminação progressiva dos combustíveis fósseis e o fim do investimento nas negociações sobre a economia cinzenta ou castanha entre a país. **clarificação de № trabalho deste protocolo ;** criação de um

				sistema global de imposto sobre carbono
2004	COP10	Buenos Aires	Argentina	negociações entre metodologia de contabilidade por país
2005	COP11	Montreal	Canadá	-ratificação do de KYOTO
2006	COP12	Nairobi	Quénia	Doispaíses emissores (China e EUA) não assinaram.
2007	COP13	Bali	Indonésia	negociações muito convincentes (mecanismos de equidade)
2008	COP14	Poznan	Polónia	maisde negociações (aplicação do
				sistema de observação e governação
2009	COP15	Copenhaga	Dinamarca	aplicação do protocolo negociadoProteger 30 do planeta até 2030
2010	COP16	Cancún	México	fim das restrições para para signatários
2011	COP17	Durban	África do Sul	O Canadá retira-se do Protocolo de KYOTO
2012	COP18	Varsóvia	Polónia	
2013	COP19	Doha	Qatar	
2014	COP20	Lima	Peru	
2015	COP21	Paris	França	Os seus principais elementos **são** os seguintes: objetivo a longo prazo - os governos concordaram em conter o aumento da temperatura média global para um valor muito inferior a 2°C em relação aos níveis actuais. níveis e para continuar

				medidas tomadas para limitar Aumento da temperatura limitado a 1,5°CAquecimento limitado a 1,5° A proposta de limite o foi pedido um objetivo de aquecimento global de 1,5°.
				por pequenos Estados insulares, ameaçados de submersão. ... **todos os Estados se comprometeram a publicar os seus** **As Nações Unidas adoptaram os seus próprios objectivos de redução das emissões de gases com efeito de estufa (GEE). Estes objectivos estão agora disponíveis no sítio Web das Nações Unidas.** 2) Utilização de combustíveis fósseis e imposto sobre o carbono. ... 3) Fundo Verde. ... 4) Direitos do Homem. ... 5) Participação dos actores da sociedade civil.
2016	COP22	Marraquexe	Marrocos	definir um plano de açãopor relatório sobre a assinatura de o Acordo de Paris na COP 21.
2017	COP23	Bona	Alemanha	para aumentar os seus compromissos

				de redução de emissões de gases com efeito de estufa. É uma perda de tempo
2018	COP24	Katowice	Polónia	para melhorar a sua compromissos para reduzir de emissões de gases com efeito de estufa. É uma perda de tempo
2019	COP25	Madrid	Espanha	**O objetivo da COP25** em Madrid era chegar a acordo sobre uma última regra do acordo**,** bastante complexa, relativa aos mecanismos de transação das reduções de emissões de gases com efeito de estufa.
2021	COP26	Glasgow	Escócia	a UEa incentiva as outras partes a reforçarem os seus compromissos e acções para reduzir os e aumentar as esforços de adaptação para garantir que os objectivos do Acordo de Parisse mantenham acessível
2022	COP 27	Encanto el-Xeque	Egito	Resposta a emergências climáticasEstados do Sul duramente afectados por por
				o aquecimento global exigirá mais em países historicamente responsáveis pelo aquecimento global.

				Eles pedido o respeito de compromissos financeiros já tomadas e mais O Acordo de Paris previa tudo, ou seja, um mecanismo de avaliação, denominado "Avaliação". Avaliação Conferência Mundial, que terá lugar pela primeira vez na COP28 em 2023. O Acordo de Paris previa tudo, ou seja, um mecanismo de avaliação, denominado Avaliação Campeonato do Mundo de Futebol, que se realizará pela primeira vez na COP28 em 2023.

Fonte : https://www.compteco2.com/article/historique-cop-conference-des-parties

Atualizado por l'auteur, 2023.

MIX
Papier aus verantwortungsvollen Quellen
Paper from responsible sources
FSC® C105338

Printed by Books on Demand GmbH, Norderstedt / Germany